看清世界，
不如明白自己

KanQing ShiJie BuRu MingBai ZiJi

江南 / 著

中国华侨出版社

前 言

　　有人问苏格拉底，世上最难的事是什么？他回答：认识你自己。

　　一直以来，我们都在人生的路途中不停地奔跑，很少有机会向自己提问："我真的认识自己吗？"在我们不断跌倒、不断否定自己之后，在我们对世界的求索中迷失了自己之后，你需要停下来，将探索世界的目光投放到自己身上。明白自己，是看清世界的前提。

　　我们以勇敢的姿态不断探索这个世界，而其实，探索自己更需要勇气。你面对的不仅是那个你喜欢的自己，还有那个你讨厌的自己，这才是完整的。没有人是完美的，也没有人能将其一分为二。明白自己，不仅仅是发现自己身上的特质，更是发现自己是如何向世界表达自我的，比如："我是如何追求幸福的？""我是如何思考困境的？""我是如何看待争议的？"等等。看清自己想要什么、适合什么，看清自己如何才能不断成长为更好的自己，这是比看清世界更迫切的需要。

白岩松说："走得太远，我们都忘了当初是为什么出发的。"世界那么大，我们也许只是渺小的个体，但对于一个人来说，我们就是自己的全世界。明白自己，才能在行走时不迷失方向，不迷失自我。也许你尚未获得全世界的支持，但也能做自己最坚实的拥护者。你可以不断发现自己身上的惊喜，给自己信心与力量，这也是明白自己的积极意义。

这是一本告诉每个行者如何明白自己的书，就算脚步再匆忙，也希望你能暂时停下来，如此才能以更好的状态重新出发。

目 录
contents

第十章 / 与自己的内心坦诚相待

第十一章 / 我们都是自己的幸运儿

第十二章 / 在我们的眼中，事物都有两面性

第一章

世界是自己的，与他人毫无关系

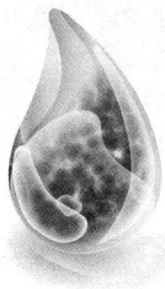

我们要想获得幸福的人生，必须要先给自己定位，只有正确地认清了自己，才能充分发挥自己的潜能。要定位自己，首先要找对自身的位置、承认自身的不足、发现自身的优点，这样才能更好地把握和主宰自己的人生。

　　很多时候，我们所追求的也许是别人所不认可的，但只要是自己想要的，那就是最真实、最有意义的人生。为此，我们要静下心来听听自己内心的渴求，为自己准确地定位，找准自己存在的价值，就可以活得充实而精彩。

－ 1 －
你真的找到属于自己的位置了吗

当我们在一个位置上始终无法完成自身任务的时候；当我们在生活中感觉自己的身心疲惫的时候，我们就应该扪心自问：我真的找到属于自己的位置了吗？

行星有自己的运行轨道，当它们脱离自身轨道的时候，它们可能就不复存在了；飞机有自己的飞行轨道，脱离了轨道就可能造成无可挽回的事故；火车也有自己的运行轨道，脱离了轨道，两辆火车就可能相撞。

正如中国有句古话说的那样："三百六十行，行行出状元。"人同样也是如此，每个人都有自身的优点和爱好，也都有自己的生活方式，只要为自己寻找到正确的"航道"，成功就会青睐于你。

曾经有一位心理学家说过："我从事心理学研究几十年，在众多病人中发现，他们之所以郁闷、产生心理疾病，最主要的原因就是没有给自己正确地定位。"

曾经在某家工厂里发生了这样一件事情。

该工厂里的一台机器因为少了一个螺母而无法正常运转，并因此影响了工厂其他的生产进程。老板得知消息后心急如焚，找来了修理工，急切地说："你现在马上就去找一个螺母，让机器照常运转，给你5分钟时间够吗？"

这时候，修理工得意地说："老板，您就放心吧，让我用5分钟换一个螺母也太小看我了吧，两分钟就够了。"

说着，他搬来了自己的大铁盒，里面有很多不同型号的螺母。于是，修理工就开始寻找适合的螺母。但是结果却让人难以置信，修理工足足用了半个小时，也没能在众多的螺母中找到与机器相吻合的螺母。

最后，修理工灰溜溜地走到老板面前说："老板……没有……没有适合的螺母。"这时候，老板又气又急："你用了半个小时知道吗？我告诉你，在这个时候，只有和该机器相吻合的才能叫作螺母，而那些不吻合的就是废铁，你知道吗？你那些所谓的螺母现在全是废铁。"

虽然这个老板说的是气话，但也是不无道理的，一个螺母没有找到适合自己的位置只能算作是废铁。而一个人如果没有找到适合自己的位置并在自己的位置上发挥自身的才干，那就很难做出大的成就。

我们可以思考这样的问题：为什么在拍戏的时候，要找到与角色性格特征相似的演员。它所讲求的正是这一点，只有找到了合适的演员才能演好合适的角色，才能吸引更多人的眼球且引起共鸣，所以只有合适的演员才能够将角色的真正内涵展现得淋漓尽致。

如果你是小鸟，就应该在蓝天白云下翱翔；如果你是鱼儿，就应该在水中享受自己自由的生命；如果你是羔羊，就应该在青草中穿梭，寻找自己的食物；如果你是老牛，就应该钟情于脚下的土地、实现自身的价值。只有找到并生活在合适的位置上，才能让自己更快乐和自由。

其实，每个人在社会上都有适合自己的位置，在人生的舞台上都有自己最适合扮演的角色。也只有找准自己的位置、认清了自己的角色，并将其扮演得惟妙惟肖，我们的人生才会更加精彩，我们才可能为自己谱写更加绚丽的篇章，才能让自己更加舒心和快乐。

迈瑞自小学习成绩就不理想，直到他上初中的时候，校长找到了他的母亲："非常抱歉，我想您的儿子迈瑞不适合上学，他的理解能力连一个小学生都比不上。"

无奈之下，迈瑞的母亲只好带着儿子回到了家中，但她始终不相信自己的儿子是低能儿，于是决定在家中培养迈瑞的能力，但是结果不容乐观，迈瑞根本读不进书，反倒喜欢用小刀在院子的木桩上乱画，迈瑞的母亲对此非常担心，不知如何是好。

有一天，迈瑞的叔叔来到家中，看到迈瑞的"杰作"，不禁说道："哦，迈瑞，你应该去学习雕刻，我想你肯定能成为一名雕刻家的。"听了叔叔的话，迈瑞欣喜若狂，但是母亲却极力反对迈瑞去学雕刻。

在迈瑞15岁的时候，他再也按捺不住心中的欲望，他知道自己在母亲眼中是一个失败者，但他还是想在雕刻界一展自己的才华，于是他背起行囊，远走他乡，去追寻自己的梦想。

直到多年以后，在城市的中心广场上竖起了一座雕像，这座雕像就是出自迈瑞之手。在开幕式上，迈瑞说了这样的话："我在母亲的眼中一直是一个失败者，我没有成功地完成她给我的定位，但是我想告诉母亲，学校里面没有适合我的位置，我现在找到了自己的位置，希望这次我没有让她失望。"

迈瑞的母亲站在人群中，她终于明白了自己以往的过失：自己一味地要求迈瑞做出一番成就，却从未想过他自己的爱好。不是儿子不成功，而是她将其放错了位置。

从古至今，像迈瑞这样的人数不胜数，大发明家爱迪生也曾被老师判了"死刑"，著名的物理学家爱因斯坦也因为做坏了小板凳被老师讥笑。

但是最后他们都成功了，都在自己合适的位置上做出了自身的成就。他们之前之所以没有获得成就，就是因为他们所站的位置不对，所选择的角色根本不适合自己。

因此，我们要想在人生道路上平步青云，就要学会认清自身的优势和劣势，给自己一个正确的定位。只有这样，我们才会少走弯路，摆脱心头的压力，才能够迎接更加美好的明天，打造更加精彩的人生。

如果你很幸运，找到了属于自己的位置，那么，你仍然不可掉以轻心，因为世界在变、社会在变、人同样也在变。我们只有时刻跟随时代的脚步，在纷繁的社会上时刻为自己寻找正确的位置，才可能避免使自己再次成为"不适合的螺母"。

- 2 -
我们都是普普通通的人

钱财乃身外之物，生不带来，死不带去，其实人也是一样，每个人的出生点以及死亡点都是一样的：赤裸裸地来到世界，占据的也仅仅只有 3 尺土地。

有一部电影叫《落叶归根》，这部电影清楚地告诉我们，人在任何情况下都不可以忘本，确切一点来讲就是说：无论在任何时候，我们都要清楚地知道自己是谁。

其实，造物主给予我们每个人的都是平等的，每个人都是普通人。出生的时候，没有谁是穿金戴银而来的，也没有人是低三下四地降临到人世间的。而之后所获得的一切成就与财富都是通过努力得来的。我们之所以迷失自己的本性，只是被后天这些身外之物蒙蔽了双眼、腐蚀了心灵的纯洁，从而失去了原本善良的本性。

但是，世界上也有一部分人，在任何情况下都能做到无己、无功、无名。他们的人生是逍遥自在的，他们从来都不会利用自己的权势去衡量任何一个人，这是因为他们始终都明白自己只是个普通人。

张宇是一位非常有名望的企业家。有一次，应某制鞋厂的邀请，一周后他要为员工做指导工作。为了迎接张宇的到来，那家制鞋厂的老板做了充分的准备，并且对员工下了死命令："这次张企业家来了之后，你们最好谦虚点儿，跟人家多学点儿东西，最重要的是不可以损坏我们公司的形象，不要在人家面前丢人。"

张宇很清楚，自己每次去的时候，应邀公司总会隆重地迎接自己，而这样的方式是他所不喜欢的。于是，他决定自己"暗地"去这家制鞋厂。

那天，他穿着很普通的衣服，进了那家制鞋厂。去了之后，他就在生产车间看其他员工工作，并在一旁指导着别人，最后被主管看到了，于是，主管就走过来："你是哪条生产线上的？在这里乱逛，小心我扣你工资。"张宇只是笑了笑便走开了，继续自己的"指导工作"。

直到下午的时候，该厂的负责人召集所有员工开会，会上说："我听有关人员说，张企业家已经来到了我们厂，我们接下来的工作一定要认真。"会议过后，张宇走到了经理的办公室，经理一看眼前这个衣着简朴的人，就将自己的眼光转移了，淡淡地问："你是做什么的？有什么事吗？有事就去找领班。"

"我找你。"张宇说道。这时候，经理才抬起头认真地审视着眼前人，惊讶道："张企业家，是您？您来了？""是啊，我来了，我在生产车间待了快一天了，工作我也做得差不多了。"张宇说。

"张企业家，您怎么不通知我们呢？我们好去迎接您啊。"经理说。

"迎接什么，我不喜欢那些隆重的场面，我只是一个普通人，不需要那样。"张宇和善地说。

"我只是一个普通人。"一句很简短的话，却道出了张宇为人处世的态度，他的谦逊和朴实是我们每个人都应该学习的，正是因为他将自己看成是普通人，所以才能赢得他人的尊敬。

在丹麦，可以看到这样一种现象：即便是拥有权势的官员，在家中也从来不雇佣人，洗衣做饭也全由自己去做，就连上下班都没有公交可坐；在国家部门以及政府机关的门外，停放的不是豪华的汽车，而是一排排自行车。在哥本哈根也是，这座城市被称为自行车城，因为在这座城市里，就连政府部门的部长也是骑自行车上下班。

在任何情况下，都要把自己看成是普通人，这样才能让自己体验到普通人的乐趣，才能真正享受到丰富多彩的人生。

张倩在一家会计公司上班，由于她的家世比较显赫，因此她在公司经常炫耀自己的家庭背景，尤其是在晋升之后，她更加显得不可理喻，在自己不开心的时候，就对下属大发雷霆；在别人做错事情的时候，她总是不分青红皂白地训斥一番；甚至在领导面前，她也丝毫不懂得收敛。

有一次，公司有一名员工因为一时的疏忽，算错了一笔账，还没等领导发话，张倩就对员工训斥了一番，领导就将张倩和那名员工叫到办公室问明情况。而张倩依然是高高在上地说："我已经告诉他，要仔细，但他还是这样，真拿他没办法。"正当领导要开口说话的时候，张倩却对着员工说："我告诉你，要是你下次再犯这样的错误，你就别在公司待了。"

这让一旁的领导很是尴尬："张倩，你说完了吗？"这时候张倩说："领导，还没有呢，我得好好跟他说说，再犯这样的错误，我们部门都会受到影响。"说着自己坐在了领导的凳子上。这时候领导笑了笑说："张倩，我现在想告诉你，其实你也是公司的员工。在这里，我也明确地通知你，你可以离开公司了。"

作为一名员工，张倩没有意识到自己只是一名普通的员工，纵然自己家境过人，但依然只是一个普通人，只是所站的位置比别人高了一点儿而已。自身的高高在上换来的不仅是别人的厌恶，还让自己失去了工作。

在生活中，很少有人喜欢那种高高在上的人。不可否认，这样的人是极难获得他人的认可的，也很难交到知心的朋友。哪怕是在家中，如果你总是摆出一副高姿态，对家人大吼大叫，让他人的行为都符合自己的意愿，那么，你是很难获得幸福的。

所以，在很多情况下，"高高在上"还不如"普普通通为人"。无论在任何时候，我们都不可以忘记，人生而平等，只有平等地待人，才可能迎来别人的尊重。

有这样一句话，是你教会了别人如何看你。也就是说，我们要获取某些东西，一定要付出一定的代价。但是在这个过程中，我们要以"普通人"的身份自居。只有这样，才可能获得真正的爱情、友情以及亲情；也只有这样，我们才能够更好地认清自己，实现生命的价值和意义。

-3-
承认自己有短板，这没什么

金无足赤，人无完人，唯有敢于承认自己不足的人，才可能得到他人的认可，才能够认清自己，汲取使自己成长的"营养"，让自己快速成长。

在这个世界上，任何东西都不是完美的，人也如此。任何人都有或多或少的"不足"之处。所以，在很多时候，我们要勇于承认自己的不足。否则，如果太过追求完美，不懂得定位自己，只会将自己置于痛苦和不快乐之中。

每个人都是有缺点的，只有放宽心，生活才能变得更为美好。再者，事事都追求完美，并不一定能达到自己预定的目标。

有这样一个故事。

在远古的大草原上，生活着一头雄壮而富有雄心的狼叫星巴，它从小就立下大志，一定要成为大草原上一头最为完美的狼。后来，星巴发现，狼虽然是草原上高高在上的动物，但是却有个明显的弱点，那就是在长跑项目中的耐力要比羚羊弱很多。很多时候，狼就是因为这个弱点，让美味的羚羊从嘴边溜掉了。野心勃勃的星巴认识到这一点后，开始想方设法改变自己这个缺点，通过长期对羚羊的观察，它认为羚羊的耐力与吃草有关系。为了增长自己的忍耐力，星巴就学着羚羊吃起草来。最终，星巴因为长期吃草而变得非常瘦弱，体力大大下降。

星巴的妈妈发现星巴的这一想法与做法后，就教育它："狼之所以成为草原之王，不是因为其没有缺点，而是因为它能够突出自己的优点。它是靠突出的观察力、优异的爆发力、锋利的牙齿和准确的扑咬动作，而不是靠追求完美。在世界上，没有缺点的事物是不存在的。"

听了母亲的话，星巴真切地认识到自己的错误，它不再将自己的心思放在改变自己的缺点上面，而是勇于承认自己的缺点后，去发挥自己的优点。两年以后，星巴果然成为大草原上最为优秀的狼王。

任何一个人都不是十全十美的，也不可能做到任何方面都比别人强，所以，我们要勇于承认自己的不足，努力发挥自身的优点，最终就可能达到成功。否则，如果各方面都追求完美，最终的结果可能连一件事都做不完美。

生活中，每个人都有自己的长处和短处，而每个人也只能在某些领域做出成就。因此，只有主动认识到自身缺陷的人才是快乐的，也才能在前进的道路上获得更大的进步。

刘全是一名颇有名气的企业家，有一次，他带着女儿娟娟去散步，在路上，他们看到了一个卖拉面的摊子，那里的生意非常好，旁边有十几个人在排队。

父女俩都被老板那极为熟练的动作吸引了，看着面在老板手里不停地转动，一根粗粗的面很快成了一根根纤细的面条。正在刘全看得入迷的时候，女儿却发话了："爸爸，他好厉害啊，你看他在这么短的时间内居然做出了十几碗面。"刘全看着女儿惊奇的表情说："是啊，爸爸也是第一次见到这么厉害的拉面师。"说完，两人就离开了。

在回家的路上，女儿突然说："爸爸，我感觉要是你去和那个拉面叔叔比赛，你肯定会输。"听了女儿的话，刘全先是一愣，然后笑了笑，说：

"爸爸不仅会输，而且会输得很惨。"女儿若有所思地说："我以前以为爸爸是世界上最厉害的人，看来比爸爸厉害的人还有很多啊。"

这时候，刘全看着女儿的表情，突然感觉女儿长大了。于是，语重心长地告诉她："孩子，你要记住，世界上没有万能的人，比我们强大的人数不胜数，但最重要的是我们要有承认自己不足的勇气，谦虚地向别人学习才能快乐。"听了爸爸的话，女儿点了点头。

很多时候，我们常会感觉自己很了不起，做得比别人好、比别人更完美。但是，当我们静下心来的时候，就会发现自己其实很渺小，自己并不是事事都能做到完美的。

这个时候，我们千万不要因为自身的不如人而怨天尤人、郁郁寡欢，也不要打肿脸充胖子，更不要逃避，我们要敢于承认自身的不足，坦然面对自己、认清自己，根据自己的优势去做有意义的事情。只有这样，我们才能够更好地适应社会，才能够坦然地面对生活。

在生活中，我们常常因为自身的不足而犯下错误。这个时候，我们要有勇气承认错误，并在错误中汲取教训。但凡一个有责任心的人都不会掩饰自己的不足，也不会推卸自己的责任。

在现实生活中，每个人都有犯错的时候，每个人身上也都有不足的地方。在犯错过后，有的人喜欢极力掩饰自己的不足、否定自己的错误；有的人则敢于承认自己的不足，而不是作无谓的争辩。但凡智者都知道，人无完人，敢于承认错误的人才是生活的主宰者。

因此，从现在开始，给自己一点儿勇气，给自己一点儿力量，去承认自己的不足，承担自己的责任，坦然面对犯下的错误。只有这样，我们才能更清晰地认清自己，认识到自己的优劣之处，才可能在人生之路上走得舒坦，真正做到平步青云。

－ 4 －
了解自己才能活出自己

人贵有自知之明，一个有自知之明的人才能够更好地认清自己，才能够在人生的道路上彰显自己的才能、实现自身的价值。

著名哲学家亚里士多德曾经说过："对自己的了解不仅仅是困难的事情，而且也是最残酷的事情。"但是，如果一个人在不了解自己的情况下去盲目地做事情，结果只能以失败告终。

殊不知，如果一个人不了解自己的长处，也不懂得从自己的优点出发，而是反其道而行之，久而久之，就可能因为难以成事而备受打击。所以，只有认清了自己，才能够真正实现自身的价值和意义。

老子说："知人者智，自知者明。"我们现在所说的"自知之明"就是从这句话引申而来的，用来深刻地比喻做人要正确地认识自己，只有有自知之明的人才是最了不起的人。

有一位优秀的女教师曾经说了自己的一段经历。

我在很小的时候就开始"做梦"，那时候的我很天真，看着那些受人尊崇的伟人，我立志长大后要做一个伟人，像他们一样风光，成为万人瞩目的焦点。

但是，在我上初中的时候，发现要想做一个伟人并不是一件容易的事情，于是我将目标转移了。那时候我告诉自己，既然做不了伟人，那我可以做伟人的妻子，时刻与伟人相伴也不错啊。于是，我就开始在自己的人生中搜索伟人的踪影，从初中到高中，再到大学，我发现伟人的踪影从未在我的生命中出现过。

于是在大学期间，我放弃了寻找伟人的踪迹，我开始梦想做一名老板，那样就不用给别人打工，也不用听别人的使唤。但是，大学毕业后我才发现，我不仅要面临就业的压力，还面临着专业的选择。

直到我26岁的时候，我才真正地发现，我最适合做一名教师。于是，我毫不犹豫地走进了一所学校，找到了现在的工作，在这里，我很开心地度过了20年的时间。

还记得在我面试的时候，面试官问我为何选择教师这个职业，那时候我就说出了自己的经历。其实，人生就是这样，只有认识了自己，才可以找到适合自己的行业，只有在适合自己的行业上才能够展现自己的价值。

这名女教师的经历充分地告诉我们，不管在任何时候，我们都要有自知之明。因为只有在对自己有了充分的了解后，才能够选择适合自己的舞台，也才能舞出更加优美的身姿。

或许在初出茅庐的时候，我们是不太理智的，不能够正确地认识自己，所以，很难为自己选择一个合适的平台。但是，我们要学会反思自己、认清自己，这样才能在社会的大舞台中找到属于自己的位置，才能使自己的人生发挥真正的价值。

当然，要想更好地认清自己是需要别人的意见的。但是，在听取他人的意见时要有所取舍，不要一味地听取，否则就可能会产生自我定位上的错误。

自我定位错了，就有可能走上错误的道路，与自己的人生价值背道而驰。

只有通过自己的判断来认识自己，才可能认清真正的自己，也才能活出真正的自我。

俗话说："尺有所短，寸有所长。"每个人身上有缺点，当然也有优点。只有充分认清自己的特长与不足，才能够在工作中取长补短，使自己避免一些不必要的麻烦，让自己更加进步。所以，在现实生活和工作中，我们一定要抱着一颗平常心，这样才能让自己取得更大的进步，才能在人生的道路上越走越远。

− 5 −
别指望他人改变我们的命运

在这个世界上，除了你自己，没有人能够扼住你命运的咽喉，只要你咬紧牙关，就可以克服所有的困难，成为自己的主人。

靠人人会跑，靠山山会倒，只有自己才最可靠。也就是说，世界上任何人和任何物都是不大可靠的，除了我们自己。这就告诉我们，无论在任何时候，都不要把希望寄托在一些虚无缥缈的事物或者人身上，你才是自己人生的主宰者，只有自己才能改变自己。即便是在绝望的境地，也不要轻易地放弃自己，要学着"自救"，这样才能快速地走出绝境之地，才能看到希望的曙光。

有一个农夫牵着自己的驴子去耕地，在回来的路上，驴子不小心掉进了一口枯井里，看着驴子在枯井中打转转，农夫想尽了一切办法试图想将它救出，但是结果却让他大失所望。

无奈之下，农夫只好选择放弃，扛起锄头打算离开这里。但是，正在他要离开的时候，驴子发出了哀求的声音。这时候，农夫转过头看了看，说："不要怪我不近人情，我也没有办法救你啊。"这时，农夫又想："我的驴子年纪也不小了，失去就失去了，但是，如果这口井不填上的话，岂不是还会有驴子甚至是人掉进去？"

于是，农夫就叫来了村上的村民帮忙，将这口枯井填平。当村民们将土扔进枯井的时候，驴子才意识到了自己的处境，不断地发出哀叫，但村民们无动于衷。过了一会儿，人们听不到驴子的叫声了，他们以为驴子已经死去了，就低头向下看。这时候，人们惊呆了，驴子不仅没有死，而且还抖动身上的泥土，将土踩在自己的脚下。

这时候，村民们和农夫好像意识到了什么，大家继续填土，驴子最后获救了，跳出了枯井。

这头驴子是明智的，在主人放弃的时候，并没有因此而绝望，而是借助外在的条件进行"自救"。这也告诉我们，人生旅途上会遇到很多的困难和挫折，在这样的情况下，我们要学会主动去面对、去自救，而不是自怨自艾、逆来顺受。

世界上有很多聪明的人，但最终成功的却寥寥无几。那些难以成功的人，其最为主要的原因就是一味地等待，等待必要的条件和机会，而不懂得自己为自己创造条件。真正聪明的人、能够最终获得成功的人，他们从来不苛求周围的环境，而是会主动去适应环境并努力创造条件，最终让自己顺利地获得成功。

要记住，在任何情况下，命运的绳索都在自己的手中抓着，帆船的船桨也在自己的手中握着，世界上能拯救我们的只有自己。

春秋战国时期，有一位即将致仕的将军把自己的儿子叫到床前，他拿出一个剑囊，郑重其事地对儿子说："孩子，这是我们家的'尚方宝剑'，佩带在身上，你将获得无穷的力量，可以在战场上奋勇杀敌。你不久就要代为父上战场了，现在我把它送给你，你带着它，相信它会给你带来好运的。但是你一定要记住，无论在什么情况下，都不可以将剑抽出来。"

儿子接过父亲手中的剑囊，仔细地审视着，心中有一种说不出的喜悦。就连晚上睡觉他都会梦到自己将其拔出，奋勇杀敌、无往不胜。

事实也正如父亲所说的一样，儿子佩带着这把"尚方宝剑"，立了无数战功。有一次，当胜利的号角再次吹响的时候，儿子再也按捺不住心中的喜悦，就背弃了父亲的嘱咐，将剑从剑囊中拔出。顿时，他惊呆了，原来在剑囊中放的是一把断剑，他简直不敢相信自己的眼睛，更不敢相信自己长久以来背负着一把断剑在战场上驰骋。

看着手中的断剑，他瘫坐在地上，失去了坚强的意志。紧接着，在下一次战役中，儿子被敌人所杀。

当父亲得知儿子战死沙场的时候，他没有伤痛，只说淡淡地叹了口气，说了一句："不相信自己的人，永远也当不了优秀的将军。"

其实，你才是自己命运的主宰，世界上没有任何人可以帮你获得成功，只要你像上述事例中的儿子一样，相信自己的实力，那么你一定能够成为"常胜将军"。

一切皆有可能。人生同样也是如此，不管遇到什么样的困难，不管遇到多么棘手的问题，只要我们敢于面对、勇于解决，那么一切都可以迎刃而解。因此，积极地调整好对生活的态度至关重要，只要敢于迎接新生活、面对新挑战，努力将每一件事情做好，你就可以成为自己命运的主宰者，就可以"扼住命运的咽喉"。

第二章
有时，我们不如自己想象的那般重要

在漫漫时间长河中，我们并不是巨石，只是一粒不起眼的尘埃。很多时候，我们并不如自己想象的那么重要，那么不可取代。对待所有的一切，我们需要收起"唯我独尊"的盛气凌人：取得成绩时，不宜炫耀与自满；对待团体的决定，不宜独断专行。如此，才能赢得他人的尊重，与他人和谐相处。

– 1 –
在时间的长河里，我们其实很渺小

在时间的长河里，我们是一粒尘埃，而不是巨石。地球离了谁都照样转，世界缺了谁都照样运行，所以，我们要认清自己，放慢自己的脚步，好好地享受自己的人生。

在生活中，每个人都希望得到幸福，都希望活出真正的自我。那么，从现在开始，我们就要学会享受生活，学会放慢我们前进的脚步，学会欣赏人生旅途中开得正艳的玫瑰。我们没有必要过分地要求自己去完成某些事情，也没有必要要求自己达到某一个难以达到的高度，因为那样只会拖累我们的心灵，让我们在人生的旅途中走得更加艰难。

或许有的人会说，如果不要求自己进步，就会面临很多的困难和危机。比如我们的生活难以得到保障，或无法在工作中获得更好的成绩。如果是这样，那我们不妨试想一下，难道世界离开了我们就真的会停滞不前吗？时间的长河离开了我们，真的会永远冻结吗？当然不会。唯有那些认清自己、懂得欣赏生活的人才能够谱写绚丽的人生篇章。

张建通过自己的努力从一名小小的员工成为了知名的企业家，但是，随着自己工作量的加重，他越发感觉身心疲惫。面对手头做不完的工作，他又不放心交给助手去处理，于是感到烦闷不已。

万般无奈之下，他来到了一位医师家中，想和医师进行一定的交流，希望医师能给自己指点迷津，解除自己面临的困难。

医师了解了他的情况之后，什么话也没有说，只是带他来到了城郊的墓地。

"你为什么要带我来这里？你知道我还要工作的。"张建急切地问道。

面对情绪有些激动的张建，医师显得很和善："我只是想让你看一看这些长眠于地下的人，他们中间有很多企业家，也有很多公司的老总。他们生前和你一样，每日忙忙碌碌，为自己的责任和使命'浴血奋战'。但是，当他们长眠的时候，他们的家人依然很好地生活着，他们的公司有一个更加出色的接班人来维持公司的正常运转。其实，有一天你也会像他们一样，安然地躺在这里。那么，你想想，你现在这样不辞劳苦究竟为了什么？何不放下不必要的包袱，好好地享受生活？"

这时候，张建恍然大悟，他终于意识到自己的"渺小"，心情也因此舒畅了不少。回去后，他立即将自己手头的工作交给了有关人员。之后他才发现，公司不仅没有倒退，反而运营得更加出色。从那以后，张建每周都会独自一人开着车来到这片墓地，心灵终于获得了平和。

我们常说，人要活在当下、活好当下，这样才能好好地把握自己的人生。那么到底怎样才能活好当下呢？怎么才能够让自己的人生更具意义呢？那就是，在喧嚣中为自己争取一片净土，以沉淀自己的生命。

当我们遇到苦难和挫折的时候，当我们因为要完成某种责任而奋力挣扎的时候，我们一定要知道一点，那就是量力而行，学会集思广益，因为一个人100%的力量远远比不上100个人1%的力量，也就是说，我们没有必要太过逞强，我们需要在纷繁的世界中认清自己的重要性，找到属于自己的位置。只有这样，我们才可能生活得更加美好，也才能够体会到生命的真谛。

有个人在事业之路上拼搏了数十年，但最终却一无所获，这让历经沧桑的他深感迷茫，无奈之下，他去请教老师，希望老师能够帮助自己走出困境。

老师听了他的故事后，什么话也没有说，只是将他带到一个常年无人居住的房子中，只见房内的一张桌子上放着半杯水，老师指着那半杯水问："你看，这杯水放在这里已经很久了，里面有很多灰尘，可是你知道为什么它现在看上去还是这么清澈吗？"

这个人回答道："那是因为灰尘都沉到杯底了啊。"

老师表示赞同地点点头："其实，人生也是这样，只有不断地沉淀，我们心灵才能够保持纯洁。就如同这半杯水一样，如果你不停地震荡，水就会变得混浊。如果在生活中，我们一厢情愿地认为自己非常重要，世界离开了我们就不会转动，那么就会和摇晃的半杯水一样，变得混浊。所以，年轻人，你不妨学着沉淀一下自己，这样你的心灵就会变得清澈了。"

听了老师的话，这个人恍然大悟，一身轻松地离开了拯救自己的"小屋"。

就像故事中那位老师说的一样，人应该学着沉淀自己、认清自己。游走在这个纷繁的世界上，我们的心灵有时也会蒙上一层厚厚的沙尘。这个时候，需要我们轻轻拂去心中的灰尘，让心灵"重获新生"，达到"心如明镜台"的效果。

然而，并不是每个人都可以达到那样的效果，因为在现实生活中，我们总是太高估自己，把自己看作是世界的核心、看作是一切事物之源。殊不知，我们只不过是芸芸众生中的一员，是沙漠中不起眼的沙粒，是草原上渺小的小草。偌大的沙漠离开了一粒沙，它依旧是沙漠；广阔的草原离开一棵小草，它依旧是草原。这就如同我们一样，即使有一天我们在这个世界上不复存在，世界依然还是世界，没有人会在意世界少了一个"你"。

因此，我们每个人都不是太阳，不是地球围绕的中心。为了让我们的生活更有意义，也为了让我们的生命更加绚烂，就要为心灵寻找一方净土。只有正确地看待自己，别把自己太当回事儿，幸福之花才会开得更加美丽。

– 2 –
不因小小成就而沾沾自喜

因为小小的成就而沾沾自喜的人是愚人，因为自己获得了小小的成绩而止步不前的人是傻子。唯有丢弃一切名利，我们才能够迈开矫健的步伐。

人们常说，付出总有回报。当我们付出一定的努力后，就可以获得一定的收获。那么，在面对获得的成就时，你是什么样的心态呢？是在心中默默地告诉自己再接再厉，还是沾沾自喜？

美国汽车大王曾经说过，如果一个人因为自己已经拥有了许多成就而止步不前，那么失败即将接踵而至；很多人刚开始奋斗的时候可以说是干劲十足，但是在初露光明的时候却自鸣得意，那么最终的成功依然也不属于他。

石油大王雷诺先生是一个成就非凡的人，但是在每晚睡觉之前，他依然拍着自己的额头告诉自己："不要让自满的意念搅乱了我的脑袋。"正是因为这样，他在众多陌生人面前，很少有人能够认出他；也正是因为这样，他获得了更多人的尊重。

雷诺先生之所以能够做到这一点，是因为他知道，即便自己事业有成，即使自己家财万贯，也会有人不知道自己，也会有比自己优秀的人。只有甩掉了金腰带，自己才能走得更加轻松，才能够获得更加非凡的成绩。

在雷诺先生身上曾发生过一件这样的事情：雷诺先生要去参加一次重要的会议，但是他没有选择搭乘飞机，而是选择提前出发，搭乘火车赶往会议现场。当雷诺先生在候车室等待检票的时候，一个妇女提着很多行李艰难地走了过来。看到雷诺先生后，她以为他是搬运工，于是对他说："喂，你帮我把行李提上车子，我给你1美元，怎样？"对此，雷诺先生什么也没有说，提起行李就往车上走，妇女在后面气喘吁吁地跟着。

等到他们上车后，火车也开始启动了，妇女擦了一把汗，从钱夹里面掏出1美元递给了雷诺先生："今天多亏你了，要不是你，我都不知道怎么上车。"雷诺先生接过1美元说道："不用客气，这是我应该做的。"说着便将1美元整齐地放进了自己的钱包。

这时候，列车长走了过来，尊敬地对雷诺先生说："雷诺先生你好，欢迎你乘坐本次列车，有什么需要帮忙的吗？"只见雷诺先生很和善地说："谢谢，暂时不用，如果需要的话我再找你吧。"

"什么？你就是石油大王雷诺先生？上帝啊。"妇女简直不相信自己的耳朵，嘴巴张得大大的，不知该说些什么，"雷诺……先生，实在对不起，刚……刚才那1美元……"听了妇女的话，雷诺先生笑了笑："你不用向我道歉，这1美元是我通过自己的劳动获得的，我现在不过也是个乘客，我们都一样。"

"我们都一样",一句多么简短的话,却道出了一个非凡的道理,彰显了一种平和的心态。雷诺先生虽然事业有成,但他依然像个"平凡人"一样生活着,依然能够看淡一切名利,真正做到"不以物喜,不以己悲"。

其实,我们每个人都是芸芸众生中的一员,都有自己的优势和劣势,也都希望自己能够得到众人的认可,于是,我们不停地努力、不停地奋斗、不停地在乎着别人的眼光。殊不知,人是为自己而活,不是为别人的眼光,更不是为别人对自己的评价而活。我们要想获得更加广阔的人生舞台,演奏更加激昂的人生格调,就要学会低调处世。很多时候,即便没有人在意我们,我们也没有必要把自己太当回事儿。

如果你现在因为某些原因受了冷落,不要怒气冲冲;如果你现在因为一点儿成就而沉浸在别人的赞扬中,不要沾沾自喜;如果你现在的职位与自己的努力难成正比,不要怨天尤人,你要做的就是自己甩掉这些情绪,继续前行。要知道,我们只是一个普通人,没人有会在意我们的忧伤、痛苦和高兴,更没有人会为我们难过或兴奋。

因为工作上的需求,小张被调到了一个全新的部门,目前的职位没有以前显赫,在公司的地位也需要自己重新树立。这让小张开始担忧,不敢和自己的朋友谈及自己的工作,节假日的时候,也不想跨出家门,怕的就是碰到熟人问及自己的工作。

但就在小张为此担心的时候,有一天,他却偶然遇到了自己的好朋友,朋友问他:"听说你不在原来的单位上班了?你调到哪里去了?"小张显得特别难为情地说:"调到分公司的办事处去了。"两个人在一起寒暄了一阵便各自忙去了。但是小张却一直在担心朋友会将自己的事情传出去,这样一来，自己的名誉和面子就可能受损。

　　这件事情过去不久，小张在街上又碰到了那位朋友，朋友问道："小张啊，听说你调工作了，调到哪里去了啊？"小张感到非常好奇："不是告诉你了吗？我调到分公司的办事处去了。""哦，对对对，我想起来了。"朋友连声道。

　　听了朋友的话，小张恍然大悟：原来自己整天提心吊胆，别人却不是整天"惦念"着自己。从那以后，小张终于想通了，不再将自己封闭，而是像以前一样和朋友频繁交往，一起喝喝酒、打打牌，心情也好了很多。

　　在生活中，像小张一样的人不胜枚举，他们总以为别人非常在意自己，但最后才发现每个人都有自己的事情要做，都有自己的生活中心，自己的担心和不安也只是庸人自扰罢了。

　　要知道，太阳每天都会升起，每天都是一个新的开始。在朝阳升起的那一刻，你可能已经被他人忘记了。所以，我们没有必要为自己的得失成败耿耿于怀，也没有必要背负过多沉重的"荣誉"上路，因为只有将附加的金腰带彻底甩掉，我们才能够迎来新的开始，才能够大跨步继续向前，创造属于自己的辉煌。

– 3 –
让别人看重你，而不是自视清高

"清高"的人最终只能陷入不被理解和信任的泥潭，自身的清高则会成为其脚下的绊脚石，让他们艰难地独自攀登在自己人生的高山上。

"仰天大笑出门去，我辈岂是蓬蒿人。"很多人喜欢拿这句话来表示自己心胸的开阔，表示自己内心的自信和昂扬。然而，如果我们细细品味这句话，在它激昂的背后却蕴含着一种清高、一种高傲、一种对人生的不屑。

当然，在很多时候，清高可以给我们带来自信。但是，太过清高也能演变成一种自傲，成为阻碍我们人生路上前行的荆棘、藤蔓。太过清高的人会时刻"唯我独尊"，不愿意与他人沟通，也不愿意站在别人的角度去思考问题。这样的人，想要获得别人的尊重，想要取得一定的成就，可谓是难上加难。

王宏在某建筑公司上班已经 3 年了，公司上上下下的员工都对他非常尊重，他也认为自己为公司付出了很多心血，公司取得的成就与自己的努力是分不开的。正是因为如此，王宏变得极为清高，经常在员工面前彰显自己的权力，不顾及别人的面子，也不顾及别人的感受。

有一次在公司会议上，公司的其他领导让各部门的负责人发表自己的见解，轮到人事部负责人发表看法的时候，王宏不顾及对方的感受，直接打断说："行了，你先坐下，你难道不知道你的这种想法一点儿都不符合逻辑，一点儿都不实用吗？我在刚刚起步的时候，也没像你这样异想天开过……"

在这次会议上，王宏打断了很多人的讲话，使会议的气氛异常紧张。

王宏这样的做法很快被总裁察觉，于是就将他叫到办公室，告诫道："你为公司做出的贡献毋庸置疑，但是你不该责骂员工，指责他们的言辞。要知道，公司要想更好更快地发展，是需要采纳诸多人的意见的，更需要大家共同的努力。你要学会顾及他人的感受，团结他人啊。"对于老总的话，王宏没有听进去，依旧唯我独尊。

之后不久，王宏被降职了，原因是：自视清高、缺乏团队合作精神。

不可否认，王宏是一个有才之人，为公司做出了很多的贡献。但是他却不懂得尊重别人，一味地自视清高，最后造成了不可挽回的后果。从王宏的经历，我们可以看到，过分地"清高"会将一个人推向人生痛苦的边缘，不仅不能使其获得良好的人际关系，而且还可能会葬送自己手中已经得到的鲜花。也就是说，一味地清高会腐蚀一个人的心灵，让其在处理事情的时候产生一种"众人皆醉我独醒"的情愫，这样的人是很难在社会上站稳脚跟的。

综观历史，很多自命不凡、自视清高的有才华的文人志士，都没得到好的前程。

白帝城托孤的故事相信很多人都耳熟能详，刘备命在旦夕的时候，将自己的儿子刘阿斗托付给了诸葛亮。在刘备即将离开人世的时候，他提出："马谡言过其才，恃才不旷，不可大用。"当时诸葛亮并不十分了解那位只会夸夸其谈的军事家，于是便将刘备的话藏在了心底。

最后，在与马谡相处的过程中，诸葛亮才知道马谡这个人自小就享有盛名，一直骄傲自满，于是在与司马懿交兵的时候，诸葛亮指派王平做马谡的助手，并一再叮嘱："街亭虽小，干系甚重。在安排就绪后画一张地图来供我参考，以便做出更加缜密的计划。"

对于诸葛亮的吩咐，马谡不以为然，一到街亭，他就开始大放言辞，认为街亭易守难攻，应该在此扎营。但是王平却非常清楚，在街亭扎营简直就是死路一条，于是就奉劝马谡三思："我军若在此扎营，只要魏军切断了水道，我们就会成为岸上的鱼儿，'不战自乱'了。"对此，马谡不予理会，甚至摆出自己的身份训斥王平不懂规矩、不懂战术。

这次交战的结果可想而知，当魏军切断水道，马谡就失去了水源，军队不战自溃，最后失去了街亭，而马谡也最终被诸葛亮斩首。

清高的人往往是自大的，这样的人太将自己当回事儿，认为自己很有才能，却往往因为疏忽大意而让自己一败涂地。其实，在现实生活中，也有很多像马谡一样过分清高的人，他们自视清高的结果是害人害己。

当今社会，很多人都喜欢我行我素，喜欢坚持自己的作风、坚持自己做人的原则，却忽视了别人的感受，这就是"清高"的一种表现。殊不知，过分地"清高"会让我们失去更多的朋友，会让我们的人生一败涂地。

所以，我们要想享受生活，就要学着摒弃心中"唯我独尊"的意念，学着与自己厌恶的人交谈、打招呼，甚至和他们握手、拥抱。只有这样，我们才能够认清自己，才能够更好地打造自己的人生，享受生命的真谛。

− 4 −
没有人永远是对的，听听他人的声音

骨气可以给予一个人莫大的信心，可以激励一个人不断地前进；而傲气则会毁掉一个人，使其永远到达不了人生的最高境界。

俗话说，傲气不可有，傲骨不可无。傲骨是指一个人刚强不屈的性格，它是一个人跨越人生挫折、失败和痛苦的勇气和力量，那些傲骨十足的人都能够取得最后的成功。而傲气是指一个人的自尊心很强、很骄傲，而且对自己的各方面很自信和满足。这样的人，很多时候会看不起别人，总认为自己是最好的，做事往往心高气傲，不能虚心地听取他人的意见或建议，导致最后无法获得成功。

要想不被社会淘汰，要想很好地站立在社会之中，我们就要学着将"傲气"放跑，认清自身的不足，学会虚心和低头。

相传孔子曾经带着弟子周游列国，来到鲁桓公的祠庙时，孔子发现在祠庙的地上放着一个器皿。守庙人告诉孔子："这个器皿可以用来装水，但是它的形状却与众不同，而且在装水的时候也有很多的讲究，这个器皿叫'欹器'。"

听了守庙人的话，孔子也若有所思地说："我曾经也听说过这种器皿，在里面没有装水的时候它会倾倒；装满水的时候，它也会倾倒。只有在水不多不少的时候，它才可能稳当地站立。我以前只是听过，想不到今日还可目睹此物。"说罢，孔子就让弟子去试验一下，试着往里面注入水，结果证明确是如此。

看着器皿时而东倒西歪，时而稳当不动，孔子不禁说道："其实做人也是如此，骄傲自满只会使自己摔跟头，唯有低调处世，才可能受益匪浅，体会百味人生。"

看到器皿的变化，孔子能够悟出这样深刻的道理：做人不可以骄傲自满。这也是他在几千年前留给世人最宝贵的财富，他充分告诉世人，不管自己有多么宏伟的成就，不管在什么时候都要学会谦虚，不可以骄傲自满；骄傲自满只会颠覆自己，甚至颠覆自己的人生。

古希腊哲学家苏格拉底也曾经这样说过："我知道得越多，发现自己不知道的也越多。"世界上，我们没有见过的、不懂的东西是数不胜数的，要想更好地洞悉世界，唯一的办法就是"放掉"傲气，让虚心长留心底。唯有这样，我们才能够认识到自身的不足，才能够学习更多的东西，丰富自己的人生。

众所周知，一代骁将关云长本是一个英雄，素有万夫不当之勇，但最后却因为自身的傲气不得善终，惨败在吴将吕蒙的手下。这一点也充分证明了傲气的危害性，同时也为世人敲响了警钟：凡事不可以自视清高，否则定会自食恶果。

建兴是某外贸公司的管理人员，他的能力过人，受到了企业领导的重用，在短短两年的时间里，就从一个小小的业务员晋升为公司业务部的经理。

在建兴还是业务员的时候，他总是非常谦虚地向别人请教不懂的问题。但是，随着职位一步步地上升，他开始变得骄傲自大，不懂得感激那些曾经帮助过自己的人。当别人向他请教问题的时候，他还会时不时地讽刺对方；当别人做错事情的时候，他总会显得高人一等，"噼里啪啦"将对方训斥一番。

渐渐地，他在员工心中的地位下降了，别人对他只是望而生畏、敬而远之，没有人愿意和他成为朋友。可是，建兴却依然没有意识到自己的错误，在每次开会的时候，他都会将自己的成就摆上台面，说自己多么有能力、多么有本事，这令许多人很是反感。

有一次，业务部门接了一个大客户。在这个过程中，部门人员一再强调该客户的重要性以及对该客户应该以刚柔并济的方式应对。但是，建兴却一再反对："你们知道什么？就按我说的去做！你们什么也别说了，以我多年的经验判断，我的想法肯定不会错。"他这种强硬的说话态度，让客户极为反感。

然而，结果却不是建兴想的那样，那个客户最后以"没有人性"为由，拒绝了该公司，公司因此损失了不少利益，而建兴也因此被辞退。

建兴本来是一个有才能的人，但因为太过自傲，总认为自己是正确的，最终招来诸多人的反感。当然，最终迎接他的自然是失败的惨局。

一个骄傲自大的人很难获得非凡的成就，因为骄傲自大的人容易自大、自满，他们总感觉自己的能力胜过每一个人，在各个方面都是别人的老师。做事时不懂得顾及他人的感受，最终成为众矢之的，如此，离失败也就不远了。

孔子曾经说过："三人行，必有我师焉。"不管别人对你的评价有多高，你都要保持清醒的大脑，掂量自己的真实分量。时刻让自己知道，骄傲自大会招致别人的轻视，矫揉造作会让自己流于世俗。要想获得辉煌的成就，要想获取更多的鲜花和掌声，那么就要学着放掉"傲气"，这样才能让自己飞得更高。

－ 5 －
低下头，才能看清自己留下的脚印

只有一个懂得谦逊恭谨的人，才可能得到别人的尊重，才能够更加深刻地认识到自己的不足，也才能意识到其实没有自己想象的那样重要。

狩猎时代，在森林中最容易受到伤害的就是那些喜欢翘尾巴的动物，因为它们高高翘起的尾巴最容易吸引猎人的眼光，最终使自己丧失了性命。但凡那些聪明的动物，都是不会轻易地翘尾巴的，因为它们懂得只有将尾巴夹起来，才能更好地生存下去。同时，人类社会也是如此，要想很顺利地生活下去，就必须要学会不要处处抢风头。

有一次，公司经理有重要的事情要赶往外地，于是就将小王叫到自己的办公室说："小王，你赶紧去准备准备，今天下午你陪我去沈阳参加一个会议。"听到这样的消息，小王很是得意，不到一个小时，就将消息传遍了全公司，这让经理大为生气。

小王因为是第一次和经理一起去沈阳，于是就精心地打扮自己，最后却让经理在办公室里足足等了一个多小时。最终经理气冲冲地质问他，他却满不在乎地说："我第一次去沈阳，当然要做好充足的准备了。"经理为此大为恼火。

在与其他公司领导人会面的时候，经理和别人谈论着企业的发展前景，小王就将自己的尾巴翘起来了，当别人问及企业内部文化的时候，小王则来了兴致，经理还没有开口，他就抢先一步说："我在很多家公司做过，其实，内部文化都是子虚乌有的，没什么实质性的内容，只是外在包装换了而已。"这个时候，经理示意让他停下，但是小王还是滔滔不绝，"就像我们公司一样，上面说一套，员工做一套……"

看着兴致勃勃的小王，经理非常气愤，仍下手头的东西离开了谈话现场。在第二天返回公司的路上，经理一直没有说话，小王却依然没有意识到自己的错误。直到回到公司后，经理终于大发雷霆，严令告知他可以回家"休息"了。

在生活中，为什么在这个世界上，有的人快乐，有的人痛苦，有的人仕途不顺，有的人则可以平步青云，其实问题的答案很简单，就是因为有的人总是锋芒毕露，而有的人则懂得为人低调。

钱大爷在邮局兢兢业业地工作了大半生，看着邮局的规模日益增大，钱大爷有说不出的喜悦。所有员工都知道，钱大爷为邮局奉献了自己的青春，奉献了自己的心血。因此，很多人都非常敬佩他，就连当地政府部门的相关领导也私下告诉过他："钱大爷，您可是邮局的功臣啊！在这几十年里，您从未好好休息过，等到退休的时候，您可以向有关部门提出申请，为自己争取更多的保证金，回家去享享清福。"

但是，钱大爷在自己即将退休的时候，却做了一个惊人的举动，他将自己的保证金捐给了慈善基金，去帮助那些需要帮助的孩子。而且在退休后，自己和老伴回到了老家，过起了简朴的生活。

当别人问他为何不争取保证金，反而还把保证金捐了的时候，他笑了笑说："何必那样呢？我不过是做了自己应该做的事情，有什么必要去那样做呢？"

更让人意想不到的是，在钱大爷的那个村庄里，有他小时候的同学，也有他的玩伴，但是却没有人知道钱大爷在城里做了什么。他们依然像小时候一样谈天说地，但不谈工作，就似一个世外桃源。

然而，邮局的很多人依然无法忘记钱大爷的付出，在钱大爷过大寿的时候，大家做了一个匾，上面刻着"永远的局长"送到了钱大爷的家中，那个时候，村里人才知道"老钱"是个"牛人"。

虽然为邮局付出了自己的很多心血，但是钱大爷却始终没有在乎过那些，他懂得自己只是一个平凡人的道理。也正是因为这样，他才赢得了别人更多的尊重，真正成为了人们心中"永远的局长"。

由此可见，一个懂得低调的人，能够获得别人的尊重，能够汲取更多的知识和经验。

因此，在生活中，我们不要总是抱怨生活的无奈，也不要为自己不愉快的生活感到愤慨。凡事有因必有果，我们不开心定然有不开心的原因，只要我们细细品味生活、时刻反省自己，将自己翘起的尾巴压下去。这个时候，就可以真正明白，我们其实并没有自己想象的那么有本事、那么厉害。这样才能脚踏实地地活出真我，体会到真正的生命意义。

第三章
属于自己的幸福常常近在咫尺

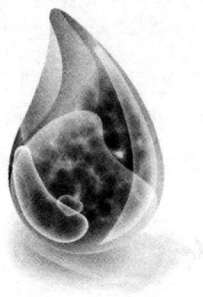

幸福和快乐是人生追求的终极目标。无论你挣多少钱、住什么样的房子、开什么样的车，只要快乐，那么，你的人生便获得了永恒的意义。幸福和快乐无须我们苦苦去追寻，只要愿意放下内心的欲望，以一颗平常心看待世间万物，那么幸福和快乐便触手可及。

向往天堂的心，永远体会不到平淡的快乐。幸福在很多时候只是我们内心的一种感受，如果我们能将欲望的门槛降得低一点，顺其自然，把握和珍惜自己所拥有的，本分地活着，那你的生命便获得了永恒的意义。

– 1 –
在平淡的小事中，满满的都是你的快乐

幸福往往蕴含在最为平淡的生活中，只有以一种平和的心态看淡世间万物，才能够感受到平淡的快乐，也才能够感受到"闲看庭前花开花落，漫随天外云卷云舒"的惬意。

有一句很经典的歌词，平平淡淡、从从容容才是真。就是说平淡是生命中真真切切、原汁原味的幸福。

小时候，我们经常因为无意间得到一包廉价的棉花糖而兴高采烈，我们也会因为在小河中无意间看到一条小鱼而感到满足和幸福。长大后，爱人一句简单的问候就让我们倍感温暖；孩子的一个笑声就会让自己感到欣慰；陌生人一个简单的微笑会让我们心中充满阳光；朋友一个充满关怀的电话会让我们热泪盈眶……这些都是平淡的，但是它们却无不充满了幸福的味道。生活中最为简单和平淡的就是最幸福的；相反，金钱、名车、豪宅却是我们不幸福的根源。因为得不到，所以会不甘心；因为充满了诱惑，所以我们会烦恼。因此，我们没必要夸大自己的能力，也没有必要非要去过他人难以企及的生活。

一个刚刚入寺的小和尚想要修成正果，于是经常去请教师父，询问修

成正果的秘诀。老禅师得知此事后，很认真地说："若要修成正果，唯有困时睡觉、渴时喝水、饿时吃饭。"

听了师父的话，小和尚迷惑不已，挠着头说："师父，弟子有所不知，现在我也是困时睡觉、渴时喝水、饿时吃饭，但是为何依然没有修成正果呢？"

这时候，老禅师笑了笑说："你说得很对，这是非常简单的事情，而且每个人每天都在重复。但是，你想想，有多少人是单纯地吃饭、睡觉、喝水？他们在吃饭的时候总是计较饭菜的好坏，睡觉的时候也总是想东想西，哪能真真切切地睡好觉呢？就连喝水不认真也会有被呛到的时候。其实，人活在世界上，简单就好，没有必要计较太多，也没有必要幻想天堂的美丽。"

小和尚听后顿悟，于是告别了师父，离开了寺庙。

老禅师用最简单的话语告诉了小和尚一个最深刻的人生真谛：人活在世界上，简单就好，不必幻想天堂的美丽。这也就是告诉我们，不论在什么时候，我们都要保持一颗平常心，得意不忘形、失意不消沉，这样才能体味到更多的幸福生活。

其实，每个人都有属于自己的生活，即便无法到天堂去过无忧无虑的生活，但是只要能够与平淡相依为伴，即使在"地狱"也能享受到独有的幸福。

你可以仔细想一下：其实我们人生首要追求的无非是一口饭而已。如果你此刻能吃到饭，又何必要去苦苦奢求那些苦累人心的妄想？幸福并非那些物质至上主义者所说的那样住豪宅、开名车，幸福其实是一种无欲无求、健康平和、顺其自然的平淡的心态。所以，我们在生活中就应该懂得知足，少一些欲望，无论在何时何地便可以享受到当下的幸福。

有一对年轻人相爱了，女孩一再要求去男孩家看看，但男孩一再推辞。直到有一天，女孩独自一人来到了男孩的家中，这时候，女孩才发现，男孩家境非常贫穷。

那天，男孩给女孩做了一顿非常简单的饭，一盘炒鸡蛋，外加土豆丝。鸡蛋是从邻居家借来的，而土豆则是男孩自己种的。

饭后，男孩送女孩回家，在回家的路上，男孩一直沉默不语，女孩最后开口了："你不让我来，是不是因为家里太穷？"这时候，男孩终于说话了："对不起，我没有早告诉你，今天的饭菜过于简单，请你谅解，如果……如果你不喜欢，可以……可以……"

女孩知道男孩要说什么，于是打断道："今天的土豆丝非常好吃，下次你还要给我做。"男孩一怔，许久才反应过来："真的吗？那下次我再给你做，下次你来我就给你做麻辣土豆块、清蒸土豆、醋熘土豆丝，总之，还有很多，我都给你做。"男孩不停地手舞足蹈。

"真的吗？你会做这么多种菜啊？那好，我要你给我做一辈子的土豆吃。"女孩的容颜在月光下显得有点儿羞涩。

不久后，男孩和女孩结婚了，婚礼上，有人问了女孩这样一个问题："你为什么会嫁给这样一个只会做土豆的男人？为什么不嫁给那些能够让你吃鸡、吃鱼的男人？"

这时候，女孩看着正在忙碌的男孩，很平静地说："因为他会给我烧一辈子的土豆，他能够将土豆做出不同的味道，我相信我们的生活在他的经营下，也可以有滋有味。虽然平淡，但我可以体会到一种别样的平静和幸福。"

有时候，一顿简单的饭菜、一句温馨的话语、一条简短的短信，都足以让我们感受到幸福的存在。就像故事中的女孩一样，她始终坚信"平平淡淡才是真"，虽然男孩不能让自己享尽荣华富贵，但男孩却可以与自己相依相伴直至白头到老。

幸福是很多人渴望的，但是在生活中，能够真正体会到幸福的人却寥寥无几。因为这些人不甘平淡，更不甘过平静的生活，这样难免就会斤斤计较，那么烦恼和痛苦也自然少不了。

现代社会，人们往往将自己的生活方式规定得太过烦琐，一些被人们称之为"品位"的东西，其实是心灵的一种枷锁，它将人们从平淡幸福的生活中剥离出来，投入到生活的固定程式中，成为一个超豪华的奴隶。这样的生活又哪有快乐和幸福可言？当人们开始沉溺于这种物质生活的品质、忽略了自己内心的欢乐时，就真正与幸福分道扬镳了。因此，幸福是一种平淡的生活和一种平淡的心态。如果你想得到幸福，就该舍弃那些该舍弃的枷锁。

如果你现在正为生活不停地忙碌，依然为孩子不能上贵族学校而苦恼，为住不上好的房子而纠心，那么，你就以一颗平淡的心面对它们吧。因为人只有在平淡之中才能够真真切切地体味到幸福和快乐的味道。因此，人只有活得真实一点、简单一点、自然一点，才能够真实地体味到生命的真谛，即便在"地狱"里也能找到属于自己的幸福。

– 2 –
所有的一切都在"今天"发生

对于我们来说，漫漫人生路上的时光仅仅只有3天：昨天、今天、明天。昨天早已是过眼云烟；今天正风驰电掣般飞过；明天是未知之数。要展望明天的幸福，就必须忘掉昨天，过好今天。

当你在为昨天的过失而懊悔的时候，当你在为明天的忧虑而担心的时候，你是否想过这样的问题：你当下的懊悔和担心能改变和挽回什么？你是否在浪费当下的生命？要知道，过去的已经一去不复返了，再如何悔恨也无济于事。未来是可望而不可即的，再怎么忧虑也只是你的空念。而今天的心、今天的事与现在的人却是实实在在的，只有认真过好当下的时光、抓住当下的快乐，才能收获快乐的人生。

要知道，在任何情况下，时间的长河也不会因为我们而停留片刻；四季的轮回也不会因为我们而驻足不前；生命的年轮不会因为我们还未完成的理想而静止……世间万物都有规律可循，生老病死的规律无人可改，唯有面对、唯有珍惜每一个当下的时光，我们才能展望到明天的幸福。

美国著名作家斯宾塞·约翰逊有一本书叫作《礼物》，大概内容是这样的。

一个孩子每天都闷闷不乐，为此，一个充满智慧的老人告诉他，世界上有一种很特别的礼物，它可以让人获取成功和快乐，而这个礼物也只有靠自己的力量才能够得到。这个孩子想，如果得不到这个礼物，这一生不就白活了？于是，他从童年到青年，几乎用尽生命的全部精力寻找这个礼物。但是，他越拼命地寻找，越是感到不幸福。最终，直到成年，他才决定放弃。最后，他发现，自己一直要找的那份礼物其实一直就在自己的身边，那就是"今天"。

　　在生活中，很多人一生都在寻觅一些有形的"礼物"，却往往忽略了自己早已经拥有的礼物——无形的"当下"。在这个充满焦虑和烦恼的时代，这份"礼物"更能帮助我们重新发现我们幸福生活的真谛。

　　天地万物，自然轮回，我们生活在这样一个空间内，必然要遵守生老病死、稍纵即逝的规律。历史不会为我们守候，生命的年轮总是随着日出日落而辉煌、消遁，而幸福的生活就在此刻。只要你能珍惜当下所拥有的，才能享受到生命永恒的快乐。为此，劳累了一天、筋疲力竭还要加班加点的我们，是否也应该尽快地停下脚步审视一下自己，这样的忙碌是为了什么？我们生活的意义究竟是什么？生命的价值又在哪里？当你的脚步慢下来，也许你就会幡然醒悟：当下的这一切，享受当下所拥有的东西，才是上天赐予生命的重要意义。

　　在很久以前，流传着这样一个故事。

　　从前有一座寺院，在拜佛门前的横梁上有个蜘蛛结了张网，由于每天都受到香火和虔诚的祭拜的熏陶，蜘蛛便有了佛性。经过了500多年后，蜘蛛的佛性大大地增进了。

　　这一天，佛陀光临了这座寺庙，趁香火甚旺之时，就问蜘蛛："我们今日相见总算是很有缘，你在此修炼了500多年，有什么真知灼见？"蜘蛛遇见佛陀很是高兴，佛陀问道："什么才是世间最珍贵的？"蜘蛛想了一会儿，就回答道："世间最珍贵的东西是'得不到'和'已失去'。"佛陀点头后便离开了。

时间一天一天地过去了，这只蜘蛛一直在寺庙的横梁上加强修炼，转眼间又过了500年，它的佛性大增。一日，佛陀又来到寺前，对蜘蛛说道："你可还好，对于500年前的那个问题，你可有什么更深的认识吗？"蜘蛛依然认为世间最珍贵的是'得不到'和'已失去'。佛陀摇头走开了，并对蜘蛛说："你的佛性没有进步，并没有达到我想要的境界，以后我还会再来找你的。"

又一个500年过去了，有一天，忽然刮起了大风，风将一滴甘露吹到了蜘蛛的旁边。蜘蛛望着甘露，见它晶莹透亮，很是漂亮，顿生喜爱之意。蜘蛛每天看着甘露很开心，它觉得这是1500年来最开心的几天。有一天，大风又刮了起来，不料大风将这滴甘露吹得不见了踪影。

在少了甘露的日子里，蜘蛛感到非常无聊。看到蜘蛛难过的样子，佛陀又问蜘蛛："世间最珍贵的是什么？"蜘蛛想到了甘露，便对佛陀说："世间最珍贵的是'得不到'和'已失去'。"佛陀说："你的悟性还是不够，就让你到人间走一趟吧。"

佛陀把蜘蛛投胎到一个做官的人家，成了一个富家小姐，名唤"蛛儿"，佛陀赐予了她美丽的容貌。一日，甘鹿高中新科状元，皇帝决定在后花园为他举行庆功宴席。这天来了许多妙龄少女，其中还有蛛儿，席间甘鹿表演诗歌，大献才艺，在席的姑娘们无不被他的容貌所折服。但蛛儿知道这是佛陀赐予自己的姻缘。

等过了两天，佛陀便安排他们在寺院见面了。蛛儿与甘鹿便在走廊上聊起了天。那日蛛儿很是开心，但甘鹿并没表现出对她的爱慕之意。蛛儿对甘鹿说："你不记得 16 年前在寺庙中的事情了吗？"甘鹿感到很惊奇，说："蛛儿姑娘，你的想象力未免太丰富了吧。"说罢，就离去了。

又过了两天，皇帝下了圣旨，命甘鹿与长风公主完婚；蛛儿与太子芝草完婚。这一消息对蛛儿来说如同晴天霹雳，她怎么也想不通，佛陀竟然这样对她。几日来，她不吃不喝，生命危在旦夕之时，太子芝草赶来了，对奄奄一息的蛛儿说："那日在后花园中我对你一见钟情，于是就苦苦求父王把你嫁给我。如果你离我而去了，那我活着还有何意义。"说着就拿起了宝剑准备自刎。

就在此时，佛陀出现了，对奄奄一息的蛛儿说："你可曾想过，甘露（甘鹿）是风（长风公主）带来的，最后也是风将它带走的。甘鹿是属于长风公主的，他对你来说不过是生命中的一段插曲。而太子芝草是当年寺庙门前的一棵小草，他看了你 1500 年，喜爱了你 1500 年，可是你从来没有低下头来看一看他。"

"蜘蛛，如果我再问你，世间最珍贵的是什么？"佛陀又拿 1500 年前的话题问她。蜘蛛经历了人间的大喜大悲后，终于一下子大彻大悟了，她对佛陀说："世间最珍贵的不是'得不到'和'已失去'，而是现在能把握的幸福。"于是，她与太子芝草走上了幸福的道路。

其实，我们在生活中得不到幸福，是因为我们不懂得珍惜当下所拥有的。我们总是想着前方有"天堂"，或者想着未来有更好的东西，于是忽视当下所拥有的。殊不知，你本身所拥有的东西正是你真正能够把握住的，只有真真切切地享受当下所拥有的，才能够算得上是真正的幸福。

– 3 –
不必苦苦寻找，亲情就是最大的幸福

有了亲情，我们有了奋斗的力量和勇气；有了亲情，我们的人生变得更加美好；有了亲情，我们不再独自伤悲。亲情，永远是幸福和快乐的源泉。

当你因为解决不了眼前的困难不知所措的时候，你还在默默地承受煎熬吗？当你因为失恋而倍感伤心时，还在独自一人在夜里流泪吗？当你感到迷茫的时候，还是一个人在苦苦挣扎吗？当你因为工作不顺而烦闷的时候，你还在大发脾气吗……请收起那些不快的情绪吧。你忘记了吗？纵然你失落、郁闷、痛苦、无助，但是在远方还有一种深切的情感在仰望着你，那就是亲情。

当我们呱呱坠地的那一刻，亲情就是我们来到这个世界上唯一的快乐源泉。无论天涯海角，无论天荒地老，它对我们始终不离不弃，抚慰着我们的心。

要知道，无论在任何时候，亲人都会包容我们的任性、原谅我们的过错；无论遇到什么样的困难，亲人都会伸出援助之手；当我们跌倒时，亲人会及时出现在我们面前，为我们拭去眼角的泪水，告诉我们，不要怕……正因为有了亲情的呵护，即使我们遇到再大的挫折、再大的委屈，心里也能感受到快乐和幸福。

一个青年人在建筑工地上工作，受尽了苦头。夏天暴晒在烈日下，汗流浃背；冬天在大雪纷飞中忍受严寒。他一直想摒弃这种生活，过上想象中的幸福生活。但是，现实毕竟是现实，他不得不继续忍受下去。

有一天，他又拖着疲惫的身子回到家中，看到爱人一如既往地在厨房中忙活着为他做饭、烧水；几个孩子在屋里快乐地嬉戏，一见到他回家，便都兴奋地扑了上去……这时候，他发觉自己简陋的小屋中竟然充满了别样的温馨。他慢慢地走进厨房，用一种充满爱意的感动将妻子抱起来，转上一圈。妻子的体重并不比50公斤重的石头轻多少，但是，他的内心却洋溢着幸福的味道。这时，他一天的疲惫似乎突然消失了，再也感觉不到任何劳累了。

亲人，是永远不会放弃我们的人；亲人，是为我们默默付出、不求回报的人；亲人是和我们风雨同行、不辞劳苦的人；亲人是我们的守护神，是我们的保护伞，是我们可以依靠一生的支柱。

人生道路上没有风平浪静、一帆风顺。当我们处于绝望或困境之中时，就要去想一想自己还有亲人的呵护，这时，你就会发现生活中处处充满了美好，让你冷却的心灵重新充满希望，充满快乐的阳光。

小小在8岁的时候，父母不幸身亡，留下了孤苦伶仃的她在这个世界上。小小的姑姑看她可怜，就将她接到自己的家中，把她当作自己的女儿对待。但是小小始终把自己的心锁起来，非常排斥姑姑的家人，始终感觉自己是个外人。

对此，姑姑并没有怪她，而是给予她更多的爱以化解她心中的阴影，打开封闭的心门。在小小上初中的时候，她爱上了美术，于是姑姑帮她报了美术班，但是小小知道，学习美术的费用是非常高的，于是拒绝了姑姑。但是姑姑却执意让小小学习美术："小小，没事的，你好好学习，不要想那么多，记住，姑姑就是你的妈妈。"看着姑姑慈善的面孔，小小非常感动，认可了姑姑一家，并下定决心一定要好好学习。

在小小18岁的时候，她考进了自己梦寐以求的大学，那天，姑父和姑姑都哭了，并不停地说："咱家小小有出息了，真的有出息了。"

在报到的前一天，小小亲自做了姑姑最爱吃的饭菜，在饭桌上，小小满含着感恩的泪水说："姑姑、姑父，谢谢你们，是你们用爱让我有了活下去的勇气，是你们给了我第二次生命。"看着眼前亭亭玉立的小小，姑姑深感幸福。

在我们的成长过程中，亲人给予我们的太多太多，小小的人生因为亲人的陪伴不再孤单。人们常说，大爱无疆，亲人的爱就是大爱，无论我们身处何方，他们的爱始终伴随着我们的脚步，我们是他们永远的牵挂。

亲情就如同灿烂的阳光一样，照耀着我们的心田，让我们在爱的沐浴下茁壮成长。所以，我们在痛苦、忧虑的时候，一定要想想我们的亲人。只有这样，你的内心才会泛起暖暖的春意。

– 4 –
在别人的世界找不到自己的幸福

盲目地追求"天堂"的美丽、艳羡他人所拥有的，只会让自己的心被他人所拥有的蒙蔽双眼，看不到自己眼前所拥有的幸福。

你看人家邻居老张又换新车了，你看咱家，连孩子买个学习机都要节衣缩食；朋友又换大房子了，咱们一家还蜷缩在这几个平方米的小屋里；对门小王家天天都带孩子去麦当劳、肯德基，看咱们的孩子每天却只能吃馒头和咸菜……生活中，我们常常听到这样的抱怨，正是这无休止的抱怨让许多人的生活变得灰暗，让他们看不到幸福。

殊不知，世间万物都有自身的存在方式，别人有别人的活法，你的生活也有其独特的色彩。很多事情是没有可比之处的，这时你只需懂得去欣赏当下就能享受到快乐和满足。否则，你一味地向往天堂，一味地拿别人的好与自己的弱进行比较，那么所有的美感都会丧失，从而错失了当下的快乐和满足，不是吗？

处处攀比会蒙蔽我们的双眼，看不到属于自己的幸福。而人只有活在当下，在自己的舞台上尽情舞动，才能够活出属于自己的精彩，也才能让自己感受到当下的幸福。

生活中，我们总感觉自己很差、比不上别人，难道真的是这样吗？其实不然，只是在人们的心中有太多的负累，没有闲暇时间体会属于自己的幸福，享受自己所拥有的东西。

比较，在多数情况下会给我们带来许多阴暗和不愉快的感觉，带着比较的心理去工作或生活，即便自己再有优势，也难免会使自己心理失衡，从而不会有愉快的感觉。比较是十分危险的，它会让我们忽略或不满足于自己所拥有的，会让我们错失许多美好的东西；比较还会挑起我们的野心，诋毁我们之前所做的一切努力，让我们所得的和已经拥有的毫无生机和意义。所以，千万不要比较，那样会让自己永远享受或感受不到生活的惬意和满足。

要知道，在任何情况下，真正适合自己、属于自己的才是最值得珍惜的。天堂固然美丽，但是却难以企及，如果我们一味地将眼光集中到别人的生活与幸福中，我们就会深陷永远不知足的泥潭中而不能自拔，甚至丢弃上帝赐予我们原本的幸福。

老韩是一个地地道道的农民，在50年的人生历程中，他过着普普通通的生活，没有什么成就。这样的生活让老韩感觉很烦躁，他一点也体会不到生活的快乐。

其实，老韩在年轻的时候就向往着能够像电视中的城里人一样住楼房、坐电梯，享受生活的美好，就连晚上做梦都梦见自己住进了豪华的房间，甚至抱着很多钱睡觉。不过，儿子却很孝顺，经常说让他们去城里住，但是由于妻子体弱多病，为了养身体，他们一直在农村。

直到老伴儿去世后，他欣喜若狂地来到了儿子的家中，走进了儿子给自己准备的豪华房间。按道理来说，老韩这下应该能好好睡觉、享享清福。但是，恰恰相反的是，老韩每天早上眼睛都是红肿的，这让儿子很纳闷，不知道哪里不合老爸的意。

直到一周过后，老韩说自己想回老家去，儿子问为什么，他说："我以前向往这样的生活，但是它不属于我。我这几天天天梦见自己又回到了家中的土炕上，每晚都被噩梦吓醒，我还不如回老家去。想想那时候，我每天都可以做温馨的梦、睡个好觉呢。"

从这个故事中，我们可以看出，很多时候，我们眼中的他人的快乐和幸福，并不是我们真实生活的全部。真正属于自己的生活才是最值得我们把握、好好享受的。

生活在大千世界，每个人都有自己的人生舞台，都有适合的角色。大部分的人都明白这个道理：我们都是比上不足，比下有余。但有些人仍旧会忍不住要去与别人比较，处在与人比较后的烦恼中不能醒悟过来：比较物质、比较金钱、比较名利、比较幸福……其实，比较只会让我们烦恼重重。所以，当我们心情烦躁的时候，请扪心自问：我是否是正处于比较后不平衡的心理状态下？如果是，请赶紧远离这种比较，因为一旦养成这种习惯，便会随时随地吞噬掉我们的快乐。

某位哲学家说："人正是因为在人群中习惯了仰视，所以才滋生出许多烦恼来。"在生活中，我们总习惯于与那些比我们强的人进行攀比，这样就常常迷失自我，让本有的幸福与自己擦肩而过。相反，如果我们肯低下头来，与那些不如我们的人相比，多去看看那些不幸的人，我们就会发现自己是幸运的。人往高处看固然是对的，因为它可以激发我们奋力向前的积极性，但是有时候也要低下头来看看身边不如自己的人，这样才能获得满足。

俗话说，山外青山楼外楼，比来比去何时休？好只是相对的，谁都可以成就自己的幸福，为何要比来比去呢？

因此，摆脱别人幸福的影子吧，多关注自己的生活，欣赏自己脚下的青草抑或花朵，你会赫然发现，你的人生是那样美好，生活是那样惬意。这个时候，你才可能甩掉一切烦恼，打造属于自己的快乐空间。

第四章
你的能力需要用行动证明

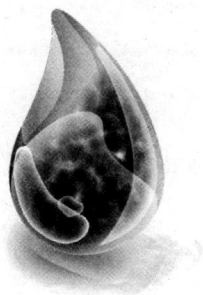

没有哪个老板会喜欢只用嘴工作的员工。处处爱表现自己，做出一点儿成绩便大肆炫耀，认为自己了不起；爱自表其功、自逞其能；只会耍嘴皮子拍领导的马屁，不愿做实事；事事爱抢风头，爱讲大话、吹牛……这样的人很难在职场上获得长足发展。要知道，想要他人认可你的能力，需要你提供证明。

− 1 −
唯有行动和结果才能说服他人

"说到不如做到，要做就做最好。"在工作中也是如此，没有哪个老板喜欢那些只会做嘴上功夫的员工，唯有行动和结果才能够说服别人、得到老板的信任。

在工作中，每个人都希望得到领导的重用，都希望得到自己期望的薪金，晋升到自己所期待的职位……做到这一点并不难，只要你肯付出切实的行动。

有一个年轻人看到自己的朋友中了彩票，于是就天天去教堂进行祷告："万能的主啊，看在我对您如此忠诚的分上，您就让我中一次彩票吧。如果我中了，我会用我的一生来侍奉您。"就这样，年轻人连续祷告了将近一个月，但是上帝却始终没能让他如愿。

有一次，一对夫妇来到了教堂，祈求上帝赐予他们一个儿子。这个时候，他们也听到了年轻人的祷告，并衷心地祝福年轻人梦想成真。

一年后，这对年轻夫妇抱着自己的儿子来还愿，又见到了这位年轻人，他们很纳闷为何这位年轻人还在这里进行祷告，于是，这对夫妇问道："上帝，他在这里已经祈祷了一年的时间，为何你不让他中一次呢？"

这时候，从空中传来了一个无奈的声音："我知道啊，我每天听他的祷告，但是他光想着中彩票，却不去买一张彩票，你说我怎么让他中啊？"

这个故事虽然有点可笑，但却发人深省，落魄的年轻人每天只是活在幻想之中却迟迟不付诸行动，即使上帝也无法帮助他。也就是说，缺乏行动的梦想只能是"白日梦"。

在工作中也是如此，无论你有多好的口才，无论你的嘴上功夫多厉害，最重要的是要拿出切实的行动，这也是老板最看中的地方。如果你工作很努力，并能用行动证明你的业绩，那么，老板自然会在第一时间喜欢你，愿意为你提供更大的舞台。而那些平时工作不努力，却只想逢迎讨好的下属，是难以得到老板的赏识和重用的。

要永远记住：每个老板都不是慈善家，他注重的是实际的利益，那些只说不做的人，是不会受欢迎的。所以，从现在开始，无论你有多大的才能，都要用切实的行动来证明你自己。

在马成刚刚进入某著名软件公司时，被分到了一个项目开发组。那时，他的才华并没有得到淋漓尽致地施展。由于他到软件公司的时间不长，他负责的仅仅是一个程序的部分编写，并没有得到独立编写一个程序的机会。

面对每天相对简单而琐碎的工作，马成心想："如果自己继续这样工作，是不可能有太大的发展潜力的。如果能够将原有的程序进行改良，重新编写，实现程序的各种功能，那不是更好吗？"

马成感觉这是一个很好的施展自己才能的机会，应该试试才行，不过他并没有急着把自己的想法汇报给上级。因为他知道，在这家企业，所谓的口头汇报根本证明不了什么，上级看中的是切实的结果。

于是，马成就利用工作之余的时间去研发。那段时间，他几乎忘记了吃饭，直到完成一个小目标的时候，他才感觉自己确实饿了。

马成用了短短一周的时间，就独立完成了一个程序的编写工作。当上级看到这个程序结构的时候，不禁对他竖起了大拇指。之后不久，上级安排马成成立自己的项目小组，并让他担任该项目组的组长。就这样，马成为他日后的辉煌事业打下了坚实的基础。

微软公司总裁比尔·盖茨也曾这样谆谆教诲即将踏出社会第一步的青年："一个对本职工作不肯尽心尽力，只是阳奉阴违或是浑水摸鱼的人早晚会被别人替代或淘汰的。记住，一定要努力工作，用行动证明你自己，才能让老板看得起你、重用你，你才有机会获得更好的发展机会。"他告诉我们这样一个道理：行动是每个人获得老板赏识、获得自身成功的最佳、最快捷的方式。

"语言是花朵，行动是果实"，你有再好的创意，如果不去付诸实践，也只能胎死腹中；你有再大的梦想，如果不去努力为此奋斗，也只能成为可望不可即的"天上星"……

在工作中，如果你有好的想法，如果你想尽力发挥自己的才能，就赶快付诸行动吧。不论是同事还是老板，他们只会拿你的成果来"论英雄"。当你把所有的精力都放在行动上的时候，成功也就会向你靠近，彼岸的鸟语花香也会扑鼻而来。

- 2 -
在正确的时间说正确的话

"话有三说，巧说为妙。"在正确的时间说正确的话才能够起到一定的效果。

每一位领导都希望自己的下属聪明能干、兢兢业业，而不是一味地出风头、自以为是。作为员工，也要清楚，没有哪个老板喜欢自以为是的员工，也没有哪个同事喜欢爱出风头的同伴。

在工作中，我们经常看到这样一种现象：如果一个员工总是爱在同事间"唧唧喳喳"，丝毫不给他人说话的机会，必定会受到同事的冷落；当一个员工在该说话的时候沉默不语，在不该说话的时候则大放厥词，领导一定会因为该员工没有"眼色"而不喜欢他。

张华是一个聪明而幽默的人，大学毕业后进入一家销售公司上班。初入职场，张华觉得找到了自己的人生舞台，找到了施展自己才华的平台。平时，他总是爱表现自己，说起话来总是一发不可收拾。

起初，其他同事都称赞他说话幽默，但是渐渐地，大家就开始疏远他了。

有一次，公司要举行部门聚餐，让张华负责聚餐的主要工作。按道理来讲，聚餐是很多人都喜欢的活动，大家可以借此放松心情。但是，这次的聚餐却显得极为尴尬，因为在用餐期间，都是张华一个人在滔滔不绝地讲话。

直到有一天，张华与自己的好友小王聊天的时候，张华才意识到自己的错误。小王说："虽然你说话幽默，能够赢得很多人的赞赏，但是也要学会适可而止，学会给他人留下表现的机会。如果你一个人总抢别人的风头，谁还会喜欢和你在一起呀。"

听了朋友小王的话，张华恍然大悟，从那以后，他就像普通的员工一样，不再刻意地表现自己，而是开始低调处世！即使轮到自己表现的时候，也会变得极为谦虚。最终，张华又赢得了许多同事的欢迎，也让领导对他刮目相看。

工作中，我们只有勇于表现自己才能取得更大的进步。但是，在表现自己时，一定要把握好"度"。无论在同事间，还是在老板面前，谦虚的态度是必不可少的。就像故事中的张华，起初，他一味地喋喋不休，出尽了风头，让同事和老板感觉他是个自以为是的人，让别人觉得他是个傲慢无礼的人，这样怎么能受到他人的欢迎呢！

其实，在生活中，有很多像张华这样的人，不管在什么样的场合都毫无节制地表现自己，无论做什么事情都爱将尾巴翘得高高的，唯恐大家不知道他们，这样的人只会让老板和同事反感，最终做不出成就。

所以，作为一名员工，你要知道，一定要谦虚、谨慎处世，这是赢得同事喜欢、上司赏识的基础。

小吴在一家广告公司上班，他的才华虽然说不上非常出色，但比起一般的员工还是略胜一筹。尽管如此，小吴在工作中从来不炫耀自己的能力，当同事夸赞他的时候，他总是很谦虚地说，自己不懂的东西很多，还需要向别人学习。

在上司的眼中，他也很低调、谦虚。平时他不怎么爱表现自己，只有在开会的时候，他才会提出一些独到的见解。

有一次，公司领导和一名下属发生了争执，所有的人都知道，这次失误是因为领导的马虎造成的，但是领导却碍于面子，不承认自己的错误。这个时候，小吴灵机一动，走到上司面前，说："薛经理，外面有人找。"这时候，他们的争吵马上停止了，领导也借机出去了。

出去后，领导发现没有人找他，正在他怪罪小吴的时候，小吴走过来了："对不起，薛经理，其实没有人找你，我只是看你们那样不是办法，所以……"这时候，薛经理才明白了小吴的用意。从那以后，只要有什么事情，薛经理总会找小吴帮忙。

就像小吴这样的人，平时在工作中都能保持低调，而在关键时刻却能很好地表现自己，这样的员工怎么能不引起领导的赏识呢？我们在工作中也应该如此，该谦虚的时候要谦虚，该低调的时候要学会低调，如此才能够赢得别人的认同，才能在职场的道路上越走越远。

因此，在任何时候都要把握好说话、做事的尺度，只有在正确的时间做对的事、说对的话，才能够彰显出自身的内在气质，才能让别人对你刮目相看；如果在错误的时间过多地说话，就会让人感觉到你的自以为是，尤其是领导，最不喜欢的就是自以为是的员工。

– 3 –
学历与能力并不一定成正比

高学历我们是踏入职场高起点的敲门砖，高工龄是工作经验丰富的最好证明。但在工作中，一味地以此来炫耀自己、抬高自己，那么，高学历就会成为废砖，高工龄也会让人不屑一顾。

众所周知，高学历可以让我们站在更高的起点，可以证明我们在学识方面的实力；而高工龄则代表了丰富的工作和社会经验的积累，可以证明我们在工作方面的突出表现。但是，在工作中，很多人则总会拿出这两个资本来炫耀自己，总认为自己高人一等。殊不知，这样做的结果是在搬起石头砸自己的脚。

高硕是一名硕士生，从小到大，父亲一直教导他，只有好好学习，获得高学历才能找到相对好的工作，才能够获得成功。于是，听话的高硕就非常努力地学习，最终如愿以偿，拿到了硕士学位。

毕业后，高硕不仅成为家族人的骄傲，也成为全村的"明星"，这让他有了飘飘然的感觉。后来，高硕凭借自己的实力，到一家造纸厂的生产部做了经理。

"经理"的位置让高硕欣喜若狂："看来老爸说得没有错，高学历就是我人生帆船的助推器啊。"于是，在工作中，他总是时不时地向他人炫耀自己的毕业证书，总是以高学历来压制他人的意见和想法。公司总裁不止一次地提醒他，但他却始终感觉领导不会赶走一个高学历的人才。

有一次，公司接到了一份十分紧急的任务，需要高硕深入车间亲自指导员工。当高硕接到命令的时候，不禁大叫道："那也太有损我的形象了吧？我可是硕士生啊。不过既然领导安排我去做，我可以去，但是我只做自己分内的事情，其他的别让我去做。"

听到高硕的回答，公司总裁笑了笑："是吗？那我可不敢动用公司的硕士生啊，既然这样，那你就另谋高就吧。"就这样，高硕被辞退了。

高学历固然能表明你在学识方面的实力，可以凭借着它找到好的工作。但是，如果你以"高学历"在工作中"兴风作浪"，却是让人难以接受的。

在任何一个企业中，评价你是否是一个能力出色的好员工，完全在于你是否能为公司做出大的贡献，而不是看你有多高的学历、多深的资历。所以，在任何情况下，我们都不要将高学历、高资历当成自己敷衍工作的"挡箭牌""护身符"。否则，就有可能会像故事中的高硕一样，照样被企业拒之门外。

同时，作为一名员工还要知道，如果总是拿自己的工龄来说事，也是不可能被领导认可的。要知道，高工龄不过证明你工作时间比较长，在技能上可能比一般的人要熟练一些，但却不能以此作为自己的"保护套"，在工作中为所欲为。

因此，唯有丢弃"高工龄"的包袱，在工作中尽自己应有的责任，将每一件事情做好，才可能成为公司真正的"元老"，从而受到员工的尊重、领导的器重。否则，你也将和故事中高硕的下场一样，离开自己的工作岗位，另谋高就。

李军在码头附近的一个仓库给别人缝补帆布。他是个很能干的员工，在码头上班已经快5年了，领导非常看重他。而他对公司也非常有感情，工作十分卖力。

有一次，天空突然下起了大雨，李军二话没说就要往外走。这时候，一名同事叫住了他："李军，这么大雨，你别出去了，你可是咱们公司的元老，那些事情让其他人去做就好了。"这时候，李军说："元老能当饭吃吗？"说着就冲进了雨中。

正当李军在雨中查看货物，并对上面的帆布进行加固的时候，一辆车停在了他的面前，原来是老板看下雨了，不放心货物，所以回来看看。当老板看到货物完好无损，再看到浑身淋得透湿的李军，当场就表扬了李军。李军却说："我只是看看我缝的帆布是否结实，再说我就住在旁边，看看货物也不过是举手之劳。"

虽然是举手之劳，但却令老板感激不尽，不久后，李军就被任命为该公司的经理，对他委以重任。

李军可以说是公司的"元老"，但他却没有想过要依仗自己的工龄来推卸责任，而是将自己看得很低，做着自己应该做的事情和自己分外的事情。正是因为他的理智、他的谦逊、他的负责，最后赢得了领导的赏识，做出了大成就。

所以，在工作中，我们只有及时丢掉"高学历""高工龄"的头衔，谦虚地与他人交往，踏踏实实为公司做出贡献，才能得到领导的赏识，才能实现自己的梦想。

– 4 –
谦逊让你蓄积更多

在职场中，一个懂得谦逊的人才能够积蓄能量。谦逊能够避免给别人造成太张扬的印象，这样的印象恰好能够使一个员工在生活、工作中不断积累经验与能力，最后达到成功。

不可否认，每个老板都需要在业绩上出类拔萃的高能力员工，但是他们绝对不会喜欢员工太过居功自傲。老板追求的是整个团队的整体和谐，不可能因为少了一两个人而伤害整个团队。即便你是业绩再突出的员工，如果处理不好与团队的协作，总是高调处世，老板就有可能会抛弃你，以保全整个团队。

也许，与其他同事相比，你确实有过人之处，你的业绩确实比别人突出。但是，这并不值得你大肆炫耀，因为如果你总是想要展现自身的优越性，就会让人感到狂妄，令同事很难接受你的观点与建议，甚至你还会因为太爱表现自己，从而使你在同事之间失去威信。而对于一个低调的员工，大家反而会记得他的突出能力与成就。

张强是某公司人事部的职员，在同事和领导眼中，他虽然精明能干，但是却并不受欢迎。在人事部，他几乎没有能谈得来的好朋友，究其原因，主要是他太过于刻意地表现和炫耀自己。

张强虽然工作能力很强，但是每做完一件事，总会在同事面前大肆吹嘘自己在工作中所取得的成就：在一天之内，有多少人请求他帮忙办事；哪个不清楚名字的人昨晚硬要给他送礼；那个事在我眼里根本不是什么问题，三下五除二就解决了，等等。在他看来，这些均是"得意事"。

同事们刚开始还以为这是他爱说爱笑的缘故，并不放在心上。可是久而久之，同事们便对他感到非常不满。张强整日自鸣得意，殊不知同事们早已对他的骄傲自大和强烈表现欲产生厌恶，并渐渐与他疏远了。

后来，领导也发现了这个问题。有一次，公司开会的时候，人事部科长的话还没讲完，张强就迫不及待地插嘴指出其中的问题，让科长大为恼火，没过多久，张强就被辞退了。

一个低调、谦虚、不骄不躁的人才是团队中真正受到欢迎的人，也只有这样的人才能受到整个团队的欢迎，才能得到领导的赏识和同事的支持。而大家的信任和支持则是一个员工在团队中有所发展并对公司有所贡献的前提。

谦逊是金，一个人如果其内心对自己的工作团队充满了热爱，充满了对工作胜利的信心，那他必不会争功，更不会成为"出头鸟"，这样的员工领导如何不喜欢呢？由此可见，谦虚是你的工作、生活取得成功的重要的一个环节。只有谦逊才能够保持不骄不躁的心态，才能在面对工作中的成绩或困难时保持平和的心态。同时，这也是你下一次获得成功的基础。

第五章
为何你总是对这世界发脾气

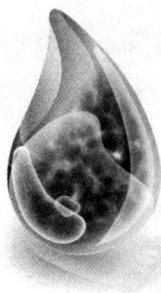

　　人们常说：头等人，有本事，没脾气；中等人，有本事，有脾气；下等人，没本事，有脾气。以本事和脾气，将人分为高下可谓别出心裁，也足见脾气与人的雅俗高下颇有关系。"头等人，有本事，没脾气。"就是说真正有本事的人是低调的，不会轻易地因为一些小事去发脾气，更不会轻易地表现出急躁的情绪。这样的人不会轻易表露自己的负面情绪，遇事能够冷静、理智、果断地处理，能够经受得住各种打击。如果我们也想成就一番大事，就要学会控制自己的脾气，尽力做到不急不躁、不生气、不发怒。

– 1 –
暴躁的脾气让事情的结果更糟糕

脾气暴躁，是阻碍人们走向成功的一大绊脚石。

每个人都有自己的个性，都有着不同的成长背景，因此，对于同样一件事情，不同的人对其看法也是不同的。当然，这是人与人之间矛盾的根源。那么，当你与他人发生矛盾时，是心平气和地包容或接纳他人，还是不分青红皂白地大发雷霆？

不可否认，在与人交往中，遇到他人意见或看法与自己意见或看法相左时，能够坦然面对的寥寥无几，这就导致了怨恨的产生。殊不知，这种由自身而生的怨气不仅无法解决所有问题，还会将矛盾激化，最终将自己置于痛苦的边缘。

俗话说"冤冤相报何时了"，所以，在生活中，我们一定要明白乱发脾气给自己带来的后果，它不仅会让我们的人生道路充满荆棘，还会让彼此间的矛盾愈演愈烈。如果在面对这些矛盾的时候，我们能够静心视之、坦然面对人与人之间的差异、接受别人的建议，那么，结果就会截然不同。

有一个小男孩脾气非常暴躁，只要对什么看不顺眼，他就会大发雷霆。也就是这个原因让他失去了很多朋友。对此，他感到非常伤心。

有一天，他找到了自己的父亲，说："爸爸，为什么我的朋友都离开了我？为什么他们能够很开心地玩耍，而不让我加入他们的队伍？"小男孩的父亲知道儿子的脾气，于是没有多说什么，而是给了儿子很多颗钉子，说道："孩子，这是一袋钉子，从今天开始，你每发一次脾气，就往院子里的木板上钉一颗钉子。"

对于爸爸说的话，小男孩有些不解，但他还是听从了父亲的话，每发一次脾气就钉一颗钉子。第一天，他钉了将近50颗钉子，第二天30颗，第三天25颗……渐渐地，小男孩发现自己钉钉子的次数越来越少了，直到有一天，他再也不发脾气了。于是，他又找到爸爸，将这件事情告诉了他。爸爸并没有因此而夸赞儿子，依然很平静地说："孩子，你做得很好，那么，从今天起，只要你控制住自己不发脾气，你就将钉子拔下一颗。"

就这样，木板上的钉子很快被小男孩拔下来了，但他看到了上面那些无法抚平的洞，他伤心地告诉父亲："爸爸，你看，这些洞怎么办啊？这个木板现在变得好丑。"这时候，小男孩的父亲抚摸着他的头说："孩子，你说得很对，那些洞很丑，但你要知道，它们永远都无法抚平了。就像你发脾气一样，你伤害别人，即使你向他们道歉、说再多忏悔的话，他们内心的伤口都无法愈合。"

这时候，小男孩终于恍然大悟。从那以后，他再也不乱发脾气了，小伙伴们又重新回到了他的身边。

生活中，像小男孩一样乱发脾气的人数不胜数，庆幸的是小男孩能够在父亲的教导下改正自己的错误。我们可以试想一下，如果小男孩一直保持暴躁的性格，没有听从父亲的教导，那么，他的人生将会是什么样子？小男孩可能会因此失去更多的朋友，将来的人生道路也会充满坎坷，那么他的人生也很难有快乐而言了。

由此可见，平日的怒火犹如弥漫的烟雾，不仅会伤害自己，而且还会伤害别人，尤其是在当今社会，我们时刻都在与人打交道，如果我们不懂得控制自己的情绪、不懂得与人为善，那么，很少有人会与我们交朋友，我们的人生将会极为惨败，因为只有懂得宽容别人、控制住自身怒火的人才能够真正地领悟到生命的内涵，否则将一事无成。

自从父亲去世之后，母亲就和12岁的儿子阿忠和10岁的女儿阿芳相依为命，一家人的生活虽然非常拮据，但还算比较幸福。可是，慢慢地阿忠因为父亲的去世，脾气变得非常暴躁，每次当他遇到什么不顺心的事情，就会对着家中的两个女人——母亲和妹妹阿芳乱发脾气。每次，妹妹阿芳都会被他打得鼻青脸肿。

随着年龄的不断增大，阿忠的脾气也越来越大了。母亲看着被打得遍体鳞伤的女儿，毅然决然地让女儿出门打工。家里只剩母亲照顾脾气暴躁的阿忠。阿忠因为找不到妹妹阿芳发泄，就把气全撒到母亲身上。最后，悲痛欲绝的母亲忍无可忍，投河自尽了。

最终，阿忠成为了一个可怜的流浪者。

阿忠暴躁的性格将母亲推向了死亡，也使得妹妹无家可归。这个事例告诉我们，控制自己情绪的重要性，告诉我们愤怒造就的后果是可悲的。

但凡一个成熟的人，在面对事情的时候，都能够控制自己的情绪、能够把握好幸福人生的"钥匙"。然而，生活中，真正成熟的人又有几个呢？有几个人能够将快乐不断地延续呢？其实，要想获得快乐和幸福并非难事，只要我们懂得控制自己的情绪，那么悲惨的事情便不会发生了。

因此，人生在世，我们要学会淡然，要始终保持一颗平静的心，不要让愤怒的火焰在我们的内心蔓延，也不要将愤怒的匕首捅向别人，因为那样最后伤害的只会是自己。

另外，在生活中我们也要学会忍让。面对生活中的各种摩擦与矛盾，最好不要感情用事，不能因争一时之高低而丧失理智，最好能尽快地冷静下来，放下过多的计较，不妨让对方一下，这样才能最终圆满地达到自己的目标。

心平气和地忍一时才能迎来风平浪静，潇洒大度地退一步才能欣赏海阔天空。人与人之间只有相互谦让，才能其乐融融；只有多一些宽容与理解，才能和睦相处，才能多一些快乐、少一些烦恼。为此，在与人相处中，我们如果能够放下计较，敞开心胸互让一下，那么，我们的生活便会增添许多幸福和快乐，自己也不会那么暴躁了。

－2－
急躁时，先将一切暂停

当你心情急躁时，只需忍住 1 分钟。能忍住 1 分钟以上，就能忍 3 分钟；能忍 3 分钟，就能忍 10 分钟……这样的忍耐过后，人就会变得心胸开阔。

有一句俗话是这样说的，急躁是聪明的敌人。也就是说，在做事情时，如果过于急躁，只会让事情越变越糟，影响自身智力的发挥，也会使自己陷入痛苦之中。要知道，很多事情是需要一些耐心的。

农夫的儿子刚刚给他买了一块新表，农夫将手表当作宝贝一样，不管做什么都戴着，还告诉别人："这是我儿子给我买的，还是名牌呢。"

有一天，农夫在整理仓库的时候，不小心将手表弄丢了，他赶紧在仓库里面找，但就是找不到，越是找不到，他的心情就越急躁，最后他在街上找了几个正在玩耍的孩子来帮助自己找，并说："如果谁帮助我找到那块手表，就赏给他 100 元钱。"

听到能得到 100 元钱，很多孩子都开始急切地找起来，为了得到那100 元钱，他们的动作变得非常麻利。但是，足足找了一个多小时，依然不见手表的踪影，为此很多孩子都放弃了，纷纷离开农夫的仓库。这时候，只有一个小孩依然留在那里，在短短几分钟的时间里，他就找到了那块手表。

农夫问小男孩是如何找到的，小男孩回答："很简单啊，我静静地坐在地上就可以听到手表轻微的'嘀嗒'声，自然就找到了。"

农夫因为丢失了手表，心情受到了影响，变得比较急躁，所以他找不到手表；那些孩子因为想要得到 100 元钱，心情也浮躁不安，最后也没有找到手表，灰溜溜地离开了；唯有那个小男孩能够保持一颗不浮躁的心，最终耐心地找到了那块手表。

急躁的心情会扰乱你的行动，影响你实现目标。其实，生活中的很多事情就如寻找那块丢失的手表一样，对待它不可太急躁。否则，不仅找不到手表，反而还会给你带来一些负面情绪。

张彤是北京某公司生产部的管理人员，在公司工作的几年里，领导认为她思维敏捷、办事麻利、工作能力强；而同事则认为她不够宽容、激动易怒、做事手段太过强硬；领导与同事对她的评价有如此大的不同，关键在于她过于急躁的性格。

在公司内部，只要是上级部门向她下达工作任务，她总是能够提前完成工作任务，为此，她总是能够得到领导的表扬；但是，为了提前完成工作任务，她对下属总是要求极为苛刻。需要3天完成的任务，她则会要求下属两天内完成，不仅把自己搞得焦头烂额，还让那些执行任务的员工忙得手忙脚乱，精神压力甚大。

同时，如果哪个环节出了问题，拖延了时间，她不仅会大发雷霆，而且还会扣除相关员工的月奖金，这让下属都苦不堪言。

对此，她也有自己的理由："我其实也不想把大家搞得那么紧张，但是我就是忍受不了他们那种慢吞吞的样子……在公司里，我从不甘心落后，一看到那些效率低下的员工，我就会不由自主地发脾气……对此，我也十分苦恼，我平时的工作压力大极了，头痛、失眠、焦虑经常伴随着我，而且整个人经常会莫名其妙地处于焦躁不安之中，动不动就想发脾气……"

这就是急躁带来的后果。其实，张彤的急躁性格产生的根源在于她苛求太多，她总是不甘于落后、不满足于现状，只要有工作任务，就会马上动手去干，这样做的目的无非是想得到领导的赞扬。但是，让自己背负着如此巨大的痛苦去换取领导的赞扬，未免有些得不偿失。

在生活中，我们是否会有这样的情况：只要有任务或者有事情等着自己去做，就会马上动手去做，既不认真准备，又无周密的计划。遇到烦琐的事情恨不得来个"快刀斩乱麻"，一下子就想把问题解决，问题一旦解决不了，又会产生挫败感而导致心神不宁。这时候会时常听不进去别人的意见与建议，时常会对提意见或建议的人大发雷霆……自己的神经好像绷了根上紧的发条一样，仿佛永远无法平静下来。

这时候，你只需舒缓自己的情绪，只要心中静静地默念：好、好，慢一点，不必急，并努力让自己心平气和地坐下来，放松神经，不刻意去思考什么内容，尽量使自己的思维维持在一种似有似无、天马行空的感觉里，或者集中精力听一种声音，比如钟的嘀嗒声。等精神松弛下来后，然后随意控制自己的心理活动，还可以想象事情发生的场景，将自己置身其中，最终找到更好的处世方式。

同时，你要相信，耐心是可以培养的，不要对自己要求过高，也不要过分地苛求他人，理性而积极地认识自己，这样才能让自己作出正确的选择与判断。做事情时，一方面要有计划，另一方面计划又不可过于完备，要预留自由度。俗话说"计划赶不上变化"，一个真正周到而有耐心的人，要善于在坚持自己的原则下灵活地变通，这样才能让自己在平静的状态下有条不紊地达成自己的目标。

– 3 –
有情绪，但不随便宣泄情绪

非淡泊无以明志，非宁静无以致远。喜、怒、哀、乐是每个人都会出现的不同情绪，唯有宠辱不惊、心如止水的人才能够控制这些不良情绪，成为真正的淡泊者。

陶渊明因为自己的心如止水，写下了"采菊东篱下，悠然见南山"的优美诗句；越王勾践因为内心的宁静，卧薪尝胆，最终获得成功；马云因为内心的坦然，面对众人的反对，依然在潮湿的地下室苦熬了8个月，将互联网带进了中国……

非淡泊无以明志，非宁静无以致远。生活在纷繁复杂的社会，我们的内心时常会被喧嚣所烦扰，烦恼就会接踵而来。这时，我们就要学会调节自己的情绪，理智地面对眼前所发生的一切，这样才能在人生的路上走得更为舒坦，才能体会到生活的美好和惬意。

有一位老人非常喜欢花草，尤其是他那几盆养了十几年的兰花。

有一次，老人有事要外出，但是他不放心最喜爱的兰花，考虑再三，他决定将这几盆兰花托付给邻居照顾。临行前，老人特别叮嘱邻居："要天天给这几盆兰花浇水，浇水量我已经写在了纸上，你要按照上面写的去浇，不可以怠慢的。"

邻居知道老人爱花，尤其是这几盆兰花，所以每天都细心地照顾着，天天浇水、夜夜呵护。但是，由于邻居缺乏养花的经验，兰花在他的照顾下，没过几天就蔫了。

看着盆中枯萎的兰花，邻居深感内疚，不知该怎样向老人交代："这可是他养了十几年的兰花啊。"等老人回来后，邻居就将事情告诉了老人，老人在刚得知的时候，有些吃惊。但是，看着盆中的兰花，看着邻居愧疚的表情，老人想："他本来就没有养花经验，而且他还这么悉心地帮助我，我怎么可以发火呢？"

于是，老人立刻就"抹去"脸上的愁云，笑着说："没事，我养兰花只是为了陶冶情操，既然死了，我可以重新再养。我倒是应该好好感谢你啊，这几天麻烦你照顾它们。"

这时候，邻居脸上的惊恐也消失了，从那以后，两人成为了要好的朋友，没事的时候，邻居就会向老人请教如何养花。

面对自己最心爱的兰花死去的事实，面对邻居愧疚的表情，老人并没有大发雷霆，而是尽量做到了心如止水，很好地控制了自己的情绪，最后不仅没有失去一个邻居，而且还得到了一个好朋友。这也证明了老人的做法是明智的，他把握住了自己情绪的"转换器"。

我们不可否认，喜怒哀乐是所有人都会产生的情绪，在这些情绪里面，愤怒是最强烈的情绪，因为它一直被人类当作一种发泄的方式，掺杂在人们的生活和工作中。但是，如果愤怒的情绪出现得过于频繁，就会危害身体的健康，甚至导致心灵残缺。

因此，在与他人交流和交往的时候，我们一定要懂得如何克制自己的情绪，不要让情绪控制我们的行为。只有这样，我们才能够平衡自己的心态，步步为营。

徐建在大学毕业后开起了自己的公司，起初他雇用了 3 名员工，那时候，业务比较少，管理起来也很容易，但是随着业务的增多，公司规模也扩大了，徐建陷入了管理的苦恼之中。

有一次，公司有一名员工公然在办公室接私人电话，而且声音特别大，严重影响了别人的工作。于是，徐建二话没说就把那个员工臭骂了一顿："我说过多少次了，不能在办公室打电话，你怎么不听？不想干了就滚蛋！"那个员工也不甘示弱："我就是不听你怎么了，我想在哪里打电话就在哪里打，不让我干，我还不想干了呢。"就这样，两人弄得不可开交。

晚上回到家的时候，徐建的心情依然很糟糕，母亲看他不对劲，就问怎么回事，他将这件事情告诉了母亲。母亲笑了笑说："孩子，你现在要明白自己的身份，你是一个老板，你应该包容你的员工，而不是这样对他乱发脾气。""可是……"徐建想要辩解，母亲立刻打断他，"武则天之所以能够成为一国之君，因为她有博大的胸襟包容那些曾与她为敌的人。你也一样，要想成为公司真正的领袖，必须让心底常留静气。"

听了母亲的话，徐建恍然大悟，意识到自己的失态。第二天一大早，他就将那名员工叫到自己的办公室："昨天是我太失礼了，不好意思。"这时候，那名员工的脸"刷"地红了："老板，是我不对，我保证以后不会了。"就这样，两人相视而笑。

海纳百川，有容乃大，只有内心宽阔的人才能干大事。因此，无论在什么时候，我们都要勇于敞开自己的心胸，学会包容他人，只有这样才能够更快地取得成功，达到自己的目的。

众所周知，世间万物都有自己的生存规律，所有的事物都是相对的：好与坏、多与少、得与失。面对这些事物隐藏的规律时，我们一定要保持乐观的心态，保持理智的头脑，不要因为一时的失去一蹶不振，也不要因为一时的得到而忘乎所以，更不要因为别人的错误而大发雷霆。

同时，我们要知道，无论在任何时候都要保持清醒的头脑，让心底长留静气，唯有如此，才能够驱逐心中的烦恼、熄灭心中的怒火、迎来美好的人生。你可以这样去做：生气的时候，就什么也不做。当然，前提是你一定要找一个清静的地方，否则如果遇到了自己不想见的人，你一定会不可避免地像往常那样向对方抱怨起来，或者冲对方发火。也许刚开始的时候，你会觉得心慌意乱，因为愤怒的情绪在你心中来回翻滚。但是，你必须要将这些念头从你的大脑中赶走，坚持下去，渐渐地你就会发现，你的身心变得都轻松多了。等你冷静下来了，你会体会到刚才令你生气的事情根本不值一提，然后再做起工作来就不会像以前那么冲动了。一旦养成了习惯，你的生活将得到很大改善，而你的脾气也会变得好很多，也不再会为一点儿小事而发怒了。

– 4 –
不是不能生气，而是不去生气

一个图钉足以毁灭一个国家，一只老鼠可以杀死一头大象，一只苍蝇同样也可以毁掉一个人的一生。但只要你达到忘我的境界，世间万物都会因你而倾倒。

如果让一个人与一只苍蝇进行"决斗"，谁会赢？相信很多人的答案都是一样的：人。在很多人的眼中，苍蝇不过是一只小小的飞行动物，怎么能与人类的聪明才智相提并论？然而，众多事实却反驳了这个观点：一只苍蝇是完全可以将一个人打败的，甚至还会毁掉一个人的一生。在很多情况下，苍蝇之所以能够打败人，主要是由于人的心理在作怪。

人的一生是漫长的，在这条道路上，我们会经历很多事情，同样也会遇到不顺心的事情。这个时候，很多人都很难保持内心的平静，总是会暴跳如雷、失去理智。正是因为他们不懂得控制自己的情绪，以致当一只"苍蝇"来到自己面前的时候，他们就会分散自己的身心，变得不知所措，最终被"苍蝇"所打败。

愤怒的情绪会严重影响人的心理素质，给我们造成不必要的损失。其实，只要我们善于克制自己，不让情绪控制我们，就能处乱不惊、心平气和地面对所有的一切。

看过《西游记》的人都知道，在唐僧静心地念经的时候，外界的一切都不可能进入他的心中。也就是说，当一个人真正达到忘我的境界时，是不会被外物所打扰的。同样的道理，如果在面对外界令人烦闷的事情时，能够达到忘我的境界，那么，我们的心中也会静如止水，不被外界的一切打扰，进而顺利地达成自己的目标。

　　向宁因为一次车祸导致双腿瘫痪，长久以来，她都没有办法接受这样的事实，她的脾气也因此而变得极为暴躁。当看到别人在马路上飞奔的时候，她都会偷偷地掉眼泪。当妈妈问她怎么了的时候，她就会朝妈妈大发雷霆。

　　为了让女儿尽快从阴影中走出来，父亲决定带她去上海坐游轮，因为向宁从小就向往自己能坐游轮。当爸爸将这个消息告诉她的时候，她却恼火地说："我不去，你们难道不知道吗？我的双腿不能动，去了能做什么？呆呆地在那里看别人玩耍吗？"见女儿这样激动，父亲没有多说什么，而是默默地准备着去海边，因为她了解女儿是愿意去的。

　　在游轮上，向宁不敢出门。有一次，服务生要推她出去透透气，向宁却大骂服务生："滚，都给我滚，我要回家。"

　　正在这个时候，一个声音传了过来："涨潮了，涨潮了……"向宁一直梦想着看涨潮，这个时候，她猛地站了起来，并跑到窗户旁边，看着外边的浪花，她的脸上露出了久违的笑容，并回头对服务生说："你看，浪花好美啊，你快过来啊。"

　　看到向宁站了起来，服务生惊呆了，不知该说什么："您……您能站起来了。"这时候，向宁才发现，自己可以站起来了。

　　从这个故事中我们可以看出，忘我的力量是无穷的，它可以让一个双腿瘫痪的病人重新站立，也可以掩埋一个人心中的怒火。

　　人生在世，我们会遇到很多让人恼怒的事情，在面对这些烦琐的事情时，我们不妨先将心头的怒火压下去，暂且将这些不愉快的事情抛到九霄云外，去做自己喜欢的事情。这个时候，你就会发现，其实事情并没有那么糟糕，根本不值得自己去大动干戈。

就像一句俗语说的一样："不能生气的人是懦夫，而不去生气的人才是聪明人。"不可否认，当遇到一些不顺心的事情时，的确需要适当地宣泄，但这个时候最需要的依然是冷静，发脾气永远不能从根本上解决问题。为了一点儿小事就大动肝火、失去理智，对人对己都会造成很大的危害。

但凡想成大事、立大志者，首先要学会控制自己的情绪，让静气常留心中。只有这样，你才能够拥有成熟的心理，在面临烦恼和不顺心的事情时才能够坦然应对，否则，就像前文说的那样，一只苍蝇就足以改变你的人生走向。

第六章
宽容为你的心带来更大的自由

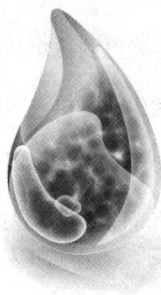

成大事者在任何时候都能够以宽容之心与他人相处，这样才能扩大自身的容量，得到真正有用的知识。如果以诚恳的心态去对待你周围的人与事，那么你将得到意想不到的收获；而在与他人相处时，要懂得宽容，这样才能少些争执，多些和谐、幸福和快乐。只有以大度的胸怀对待身边的每一个人，不因一些小事与他人较真，这样才能收获更多的友谊和帮助。而这些都是成大事的基础。

-1-
想要学得更多，就要虚心以待

茶杯要想盛满水，就必须放在茶壶的下面。同样的道理，人要想学到真正的、更多的学问，就必须以低姿态示人，谦虚谨慎，这样才能够扩大自身的"容量"，才能获得他人的尊重。

与人交往时，只有放低自己的姿态，才能赢得对方的青睐；在学习时，也只有谦虚谨慎才能学到真正的本事；在处世时，只有学会低头，才有机会将头高昂起来……这就告诉我们，想要成大事，一定别拿自己太当回事，要善于以低姿态与人相处。因为茶杯只有放在茶壶的下面才能盛满水。

有一个年轻人非常喜欢丹青，于是跋山涉水、历尽千辛万苦寻找能够教自己的老师，但是结果却不尽如人意，他始终没有找到令自己满意的老师。

无奈之下，这位年轻人来到了一位智者的面前，将自己的苦闷说了出来。

智者听了年轻人的诉说，笑了笑说："难道你在这么多年的时间里，真的没有碰到一个能够给予你知识的老师吗？""是啊，我感觉那些人都是徒有虚名，我千里迢迢找到他们，也看了他们的画帧，但我感觉他们的画技还不如我呢。"年轻人有点儿失落又有点儿高傲地说。

智者点了点头，说道："我虽然不懂丹青，但是平时也喜欢收藏字画。

既然你的画技这么高超，你可否为我留下一幅古朴茶具的墨宝？"这时候年轻人说："这还不简单吗？笔墨伺候吧。"

说着，年轻人卷起了袖管，寥寥数笔就画出了一个茶壶和一个茶杯：茶壶是倾斜的，里面正有水从茶壶嘴里徐徐流出，流到杯子里面。待这幅画完成后，年轻人长舒一口气说道："您对这幅画满意吗？"

这时候，智者说："你画得确实很好，但是我感觉应该将茶杯放在茶壶的上面。"

年轻人顿时打断智者的话："那怎么行啊，怎么能将茶杯放在茶壶上面来倒水？"

智者淡淡一笑："其实你也懂得这个道理，要想将水倒进茶杯里面，就必须将茶杯放在茶壶的下方。再想想你自己？你想让自己的杯子里面注入丹青高手的香茗，但又将杯子放在茶壶的上方，香茗怎么可能注入你的杯子里呢？年轻人啊，要想学习别人身上的智慧，首先要将自己放低，否则你是永远不可能达成自己的目的的。"

听了智者的话，年轻人沉思片刻，终于恍然大悟，谢过智者之后便轻松愉快地离开了。

这个故事告诉我们这样一个道理：每个人都可能是一个茶杯，也可能是一把茶壶。喝茶的时候，只有肯将自己的位置放低、虚心好学，才能装进别人的东西；而倒茶的时候，只有向下全力地倾斜自己，毫不保留地倾其所有，才能将自己的东西倒给别人。一个人，只有永远虚心好学，才能够扩大自己的容量，装进更多的东西。

老子曾经说过："上善若水。"也就是说，最好的善就像水一样，可以无孔不入，可以根据不同形状来改变自己的形状。虽然它非常弱小，但是水滴石穿的事实却让人对它刮目相看。

因此，做人也要像水一样，无论在什么时候都可以变换自己的形状，容纳所有的一切；无论在任何时候，都可以将自己的头颅放低一点，因为成熟的麦穗总是低着头的。

诸葛亮是一个以低姿态办大事的人，刘备在临终时"白帝城托孤"，对诸葛亮说："如果这小子可以辅助，你就辅助他；如果他难负重任，那么你就自立为君，让蜀国世代传承。"虽然诸葛亮在蜀国的地位非同一般，可谓是一人之下，万人之上，但是他却没有忘记自己的身份，更没有忘记君臣有别的道理。

于是，诸葛亮当着众人的面当即跪拜于地，痛哭道："臣怎敢有丝毫怠慢？怎敢不竭尽全力呢？臣定会尽忠贞之节，至死不会松懈。"

正是因为诸葛亮的"自知之明"，也正是因为诸葛亮敢于放低自己的身份。在后主刘禅继位后，他被尊为"相父"，令蜀国上下对他尊敬有加。

诸葛亮可谓是功劳甚高，但是他却从来不会因此而尽露锋芒，虽然他战绩无数，但他却用低姿态的处世态度赢得了君王的认可，赢得了民众的赞扬。

有一位哲学家曾经这样说过，如果你想得到仇人，那么你可以尽情地展示自己的才华，表现得比你的朋友优秀百倍；如果你想得到朋友，就必须让你的朋友比你优越。秦穆公没有架子，因而人心所向，成为一代明君，万古流芳；希尔没有架子，因而拜访百名成功人士，聚集众人的智慧成就自己的人生；李嘉诚没有架子，因而在起步的时候可以去做一名清洁工，最终厚积薄发……

人们常说，水往低处流。我们不妨这样想，水往低处流是为了融入大海，是为了变得更为博大。所以，我们想要取得大的成就，也应该像水一样往低处流。

因此，假如你能力过人，假如你无所不知，也要时刻抱着谦虚的态度，不在别人的赞扬声中飘飘然，更不能有唯我独尊、舍我其谁的想法。要想获得成功，要想得到别人的尊重，首先就要战胜自负的心理，把自己当成一个"茶杯"，将他人看成"茶壶"，将自己永远置于他人的下方。

- 2 -
宽容有利于化解与他人的矛盾

漫步在人生旅途中，唯有大度和宽容才能够化解人与人之间的矛盾和冲突；唯有豁达和宽容才能够让人生路上开满鲜花。

"千里修书只为墙，让他三尺又何妨。万里长城今犹在，不见当时秦始皇。"这首诗是张廷玉写给其兄的，在与邻居为一堵墙产生冲突的时候，他选择的是宽容地忍让，而不是据理力争，最后换来的则是邻里和谐相处。

在生活中，我们也会遇见很多不顺心的事情，抑或是别人的误解。这时候，我们一定要保持理智的头脑，即使对方口无遮拦，我们也依然不要过于计较，而要以大度去谅解他们的失言。要知道，人活在世上不是为了寻找烦恼，而是在实现自身价值的同时追求快乐。

另外，在与他人交往的时候，不要总盯着他人的缺点不放，而应该善于发现别人的长处，要学会去尊重他人。尊重别人不仅可以换来别人对你的尊重，还可以加深彼此之间的感情；相反，诋毁和意气用事则会让彼此之间的矛盾激化，造成很多不必要的伤害。所以，无论在任何时候，我们都要学会得饶人处且饶人，学会"礼让三分"。

王茹与丈夫离婚后，带着5岁的女儿来到了美国，为了维持生计，她开了一家蔬菜店。由于王茹生性热情好客，再加上她店里供应的蔬菜新鲜、价格合理，所以招揽了许多顾客，几乎每天都是顾客盈门。

然而，王茹所获得的这一切却招来了其他小贩的忌妒，于是他们就想方设法要赶走王茹，一度将垃圾倒在王茹的店门口。面对这一切，王茹并没有去计较，她总是心平气和地将那些垃圾清理干净，让自己店门口始终干干净净的。

王茹蔬菜店的附近有一个墨西哥女人，她看到了别人对王茹所做的一切，最后终于忍不住，便问王茹："他们那样对你，你为什么一点儿也不气愤呢？你就不怕他们以后会一直这样欺负你？"这时候，王茹笑了笑说："我为什么要生气呢？你不知道，在我的家乡，每年过年的时候，大家都会往家里面扫垃圾，那代表着财富。我倒觉得我应该感谢这些人，因为他们将财富送到了我家。"

很快，王茹的话就传到了那些小贩的耳朵里，他们对此感到羞愧难当，从那以后，他们再也没有将垃圾倒在王茹的店门口了。

王茹的所作所为实在让人惊叹，然而，更令人敬佩的是她的大度和宽容。面对别人的欺辱，她没有让错误继续下去，而是选择了宽恕别人，为自己，也为大家创造了一个和善的环境。我们可以试想一下，如果王茹当时不去容忍别人的错误，和别人斤斤计较，那么结果就截然不同了，不仅王茹会有很大的损失，其他人也会因此受到很大的影响。

中国有句话叫"冤冤相报何时了"，在我们的生活中，其实有很多的事情需要我们去忍耐、去宽容。哲学家说，宽容是一个人的修养和善良的结晶；心理学家则说，宽容是家庭生活的一剂调味品。常言道，金无足赤，人无完人。每个人都是有缺点的，所以，面对别人的过失或错误，最为聪明的做法就是宽容待之。倘若人与人之间少了宽容，恐怕我们的生活也将会永远地充满仇恨，人们也很难感受到幸福的滋味了。

一位老太太与老伴幸福地度过了人生的70个年头，两人从来没有吵过架，也没有闹过什么不愉快。在她70周年的金婚纪念日的当天，许多人都问她：你和你老伴为什么一辈子都那么幸福？有什么秘诀吗？老太太说："从我结婚的那天起，我就准备列出丈夫的10条缺点，为了我们的婚姻能够幸福，我向自己承诺，每当他犯了这10条错误中的任何一条，我都会原谅他。"这时，有人在人群中大声地问："那10条错误是什么呢？"

老太太听了，笑了笑说："老实告诉你们吧，70年来，我始终没有将这10条缺点具体地列出来。当我的丈夫犯了错误，我就会马上提醒自己：算他走运，他所犯的错误正是我可以原谅他的那10条错误中的一条。"

在漫漫人生旅途中，人与人之间难免会出现矛盾和摩擦，如果我们都能像故事中那位老太太那样，学会宽容和忍让，你就会发现幸福和快乐将会时刻围绕着你。

值得一提的是，宽容并不等于纵容，它是建立在自信、助人和有益于社会的基础上的。对于别人的过失，我们在宽容对方的同时，如果能以适当的方式给予一定的批评与帮助，便可以避免对方以后犯下更大的错误。

具有宽容的心，意味着你不会再患得患失。我们在学会宽容别人的同时，也要学会宽容自己。当自己有了过失，亦不必灰心丧气、一蹶不振，也不必为之痛苦，只要能从中汲取教训，便可以重新扬起工作和生活的风帆。只有宽容地对待自己，才可以让自己心平气和地投入到工作和生活之中。

学会宽容不仅有益于身心健康，而且能保持家庭和睦、婚姻美满。因为宽容中包含有理解、同情和谅解，夫妻之间如果没有宽容，再坚固的爱情地基也有动摇的时候。生活需要宽容，欢乐之花离不开宽容的灌溉。只有学会宽容，人的心胸才会变得开阔。当你被人误解或者你误解了别人时，宽容可以在第一时间抚平一切伤痕、调和一切苦楚。因此，在日常生活中，我们要时刻以宽容的心态去面对一切，这样才能征服一切，才能收获内心的宁静和快乐。

－ 3 －
少一些计较，多一些轻松

大度是一种睿智的人生态度，它教会人们学会宽容、学会堂堂正正做人、坦坦荡荡做事。只有大度的人才不会在意一城一池的得失，赢得他人的尊重。

人与人之间的关系是很难把握的，总会有产生摩擦的时候。这个时候，我们就要学会大度、学会大气、学会豁达。大度是一种风度，大度的人愿意听取别人的观点，愿意采纳正确的意见，能够谦卑、和谐地与人交往。但是大度需要用德行去修养、用智慧去创造，大度的人往往拥有美好的心境，拥有君子般的风度，能够融洽和谐地与人交往。

邵康节是宋朝精通《易经》的大哲学家，与苏东坡交情颇深，也与当时著名的理学家程颢、程颐是表兄弟。然而，二程兄弟与苏东坡一向不和睦。

邵康节在病得很严重的时候，二程兄弟曾经在榻前照顾。这时候，外面有人来探病，当程氏兄弟问清楚来人是苏东坡时，就吩咐说不能让他进来。

此时躺在床上的邵康节已经奄奄一息，不能再说话了，只好微微地举起一双手，比画成一个缺口的样子。程氏兄弟有些纳闷，不明白他的手势到底代表了什么意思。

不一会儿，邵康节就喘过一口气来，说道："将眼前的路留宽一点儿，好让后来的人走走。"刚说完此话，就咽气了。

邵康节在临死时还不忘宽容他人，可见其大度的气节。人与人之间、人与社会之间处处充满了矛盾、纷争。社会上的人，有坦荡的君子，也有戚戚的小人，如果你缺乏宽容的心怀，就很难与他人和睦相处。与他人发生矛盾时，你若能够理解和包容，留有几分余地，矛盾也必然会迎刃而解，这时候你也会得到更多人的尊敬与信任。如此一来，你的处世之路就会越走越宽，这也是成就大事的基础。

春秋时期，齐襄公被杀以后，公子小白和公子纠曾经为王位而争得你死我活。当时的谋士鲍叔牙助公子小白，而管仲助公子纠。

一次，在双方的交战中，管仲用箭射中了公子小白衣带上的钩子，小白险些丧命。后来，经过几场征战后，小白做了齐国的国君，也就是后来的齐桓公。齐桓公执政以后，就任命当初支持自己的谋士鲍叔牙为相国。

鲍叔牙是个心胸宽广的人，他有知人之明，便将有才能的管仲推荐给齐桓公。他说："只有管仲才能担任相国之要职，才能助齐国强盛。我有五个方面比不上管仲：宽惠安民、让百姓听从君命，我不如他；治理国家、确保国家的根本权益，我不如他；讲求忠信、团结好百姓，我比不上他；制作礼仪，使四方都来效法，我不如他；指挥战争，使百姓更加勇敢，我不如他。"这五个方面都是治理国家最为紧要的。

齐桓公是一个大度的人，忘却了当时管仲的射钩私仇，欣然采纳了鲍叔牙的建议，重用了管仲，任命其为相国。管仲担任相国以后，他协助齐桓公在经济、内政、军事方面进行了大幅度的改革。数年之间，齐国就转弱为强，成为春秋前期中原经济最发达的强国，而这也成就了齐桓公"九合诸侯，一匡天下"的历史霸业。

古今成大事者无不是大度的人，他们能放弃私怨容人之长。可以想象，若齐桓公是个心胸狭隘的人，那么，他是很难成就"九合诸侯，一匡天下"的历史霸业的。

要大度，首先要学会为人着想，学会站在对方的立场上来看问题，这样你的观点会更加客观，态度会更加冷静。如果每个人都能够以大度的心态去对待别人，那么我们的生活就会变得极为美妙与融洽。大度是一种较高的素质，也是一种情操，但是大度并不意味着怯懦和胆怯，而是一种开怀处世的心态。大度的人是健康乐观的，而这种人会用一颗博大的心原谅一些小的过失，从而使自己获得心灵上的解脱。

要在生活中做到大度，具体应该如何去做呢？

（1）容忍别人的缺点与过失

"大度能忍，方为智者本色。"在人际交往中，如果没有海纳百川的容人度量，是难以容忍别人的缺点以及对自己某些利益的损失的。面对这些问题，如果你处理不好，会给自己带来众多的损失，轻则会失去朋友，重则会成为众矢之的，使自己陷入孤立无援的境地之中。能够容忍别人的缺点、过失，以宽容为怀，是一种极为优秀的品质，它能够帮助你减少仇恨、暴力与偏见。

（2）在利益面前要大度

在极其狭窄的道路上行走，要给自己留一些空间。两人同时通过一座狭窄的独木桥时，如果争先恐后，两个人就都有坠入谷底的危险。在这样的情况下，只有先停住自己的脚步，让对方先过去，才是最安全的做法。遇到美味的食物时，懂得与别人分享，才能让自己获得快乐，也是一种圆满。这是一种曲线的处世方式。在生活中，除了原则问题要必须坚持外，对一些小事情、个人的小利益如果能够做到谦让的话，也会带给你更多的身心愉快，你的人生也就更加圆满了。

（3）在输赢上要大度

在生活中，无论说话或做事，许多人往往为了"争一口气"而不愿意给别人留点儿空间。本来没什么大不了的事，却非要大费周折，坚持自己的意见不肯让步，结果小事变成大事，甚至搞得两败俱伤，实在是得不偿失。

其实，在输赢上大度，就是与他人方便，而这正是给自己的未来让路，让别人活得轻松，也让自己活得快乐。要记住，心胸狭窄的人总是抱怨不休，纵使他们有天大的本事也难以有所建树。做个大度的人，你就会发现天地如此广阔，因此，不要在彼此的摩擦中浪费时间和生命，天地很大，比天大的是人的心胸。每个人都大度一些，生活就会变得和谐而美好。

—4—
很多事，争个明白没有意义

世间的许多问题本身都是没有明确的答案的，所以，没必要凡事都要与他人争个明白。学会糊涂一点儿，那你的人生就会少些争吵，多些和谐。

生活中，在与他人交往时，总会遇到与对方意见不统一的时候。这个时候，我们很容易因为坚持自己的观点而与对方发生争论甚至争吵，为了无关紧要的事情让自己失去一个朋友，这是得不偿失的。

可以试想一下：当对方说错一句话时，如果你急于证明自己是对的，就很有可能惹怒对方，而对方最后不仅不会承认自己的错误，还会认为你是个刻薄的人，影响了双方和谐的人际关系，这无疑是得不偿失的。对于此，最好的解决方法就是，将心胸放宽一些，难得糊涂一回，尤其是对于一些根本无伤大雅的小问题，我们更没有必要非得去与别人较劲儿，否则就算你能赢得口头上的胜利，却给自己徒增了几份烦恼和忧虑。

晓东是某重点大学中文系的大才子，不仅能诗善文，而且口才也很好，尤其是善于辩论。这样完美的人，他应该拥有很多朋友，但事实却并非如此，主要是因为他是个事事爱较真儿的人。

有一次，晓东与几位朋友一同去参加一位朋友的婚礼，本来是很喜庆的场合，晓东却因为司仪的一句话把场面搞得很尴尬。

席间，司仪说："在座的朋友都知道，新郎、新娘是名副其实的'青梅竹马'，在这里我给大家解释一下这个成语的来历：相传宋代的时候，有个著名的女词人李清照，她与她的丈夫赵明诚自小相爱……"司仪的解释显然是错误的，但是在场的人出于礼貌，谁也没去说破。但是晓东却忍不住大声在台下说道："你说错了，这个成语是李白写的……"顿时，那个司仪的脸上红一阵、白一阵，但是对方又是个嘴硬的人，接着说："这位先生，您说是李白写的，有什么证据吗？"

晓东得意地说："当然有了，这个成语出自李白的《长干行》……"这样一来，让那个司仪面子尽失，场面顿时也冷清了许多。这时候新郎很不高兴地将他叫到一边说："人家是来帮忙的，你跟人家较什么劲呀！这是结婚，又不是学术辩论会。平时大家都不愿意与你交往，就是这个原因……"

假若晓东在当时能够圆融一些，不与他人较真儿，恐怕就不会令人生厌了。要知道，很多小事情本身是无伤大雅、无碍大事的，如果你一味地较真儿，只会让人觉得你个性太强，从而不愿意与你交往。

《菜根谭》的原文中有几句话是这样说的："涉世浅，点染亦浅；历事深，机械亦深，故君子与其练达，不若朴鲁；与其曲谨，不若疏狂。"而这里的"涉世浅"，是指年轻人步入社会，入世不深，所受的污染也不深；"历事深"是指人生经历的事情太多，机械亦深。他所说的这个机械是指那些有心计较的妄想，所谓机关算尽，徒生的烦恼也会越多。所以，他下面所书的："故君子与其练达，不若朴鲁；与其曲谨，不若疏狂"，就是我们通常所说的，做人过于通达的话，反而不如在有些地方糊涂马虎一些为好。

这段话实际上是说，凡事不要过于较真儿。过于较真儿的人往往是过于固执、做事太死板的人，容易走进"死胡同"中不能自拔。所以，人不要一条道走到黑、一个死理认到底。车到山前必有路，世间没有过不去的坎儿，也没有解决不了的问题，关键要学会"拐弯"。

凡事爱较真儿的人往往是思想狭隘的人，他们过于保守，不懂得变通，不知道"转弯"，结果是将自己置于烦恼和痛苦之中。这就需要放下心中的固执之念，开放自己的心灵空间。具体我们要如何去做呢？

（1）要学会转换个人的思维方式

过于较真的人，平时要有意识地学着去转换自己的思维方式，对同一件事情，要学着从其他的角度去看待，而不要一直拘泥一己之见。这样就可以在极大程度上避免让自己走向死胡同，对待事情也不会太较真儿。

（2）培养新情感

人是感情动物，那些凡事都要较真儿的人则认为那些与他有关的、他爱的都是好的都是对的；而与他无关的、他所不爱的，就表示漠然。感情上的执着，最容易让人犯错。因为在很多时候，感情是一块遮板，遮住了眼睛，看不到他人看不到世界。如果过于执着于感情之中，那么，私爱、溺爱、错爱就会发生。如果勇于将自己的偏执放下，公正、公开、坦然地面对自己的感情，就不会过于较真儿了。

总之，凡事不要太较真儿并不是鼓励不认真的态度，而是指出，做人做事不要太固执、太死板、太拘泥；要懂得变通，要懂得灵活。这样才能让自己活得轻松、活得快乐。

第七章
总有很多事情你会“看不惯”

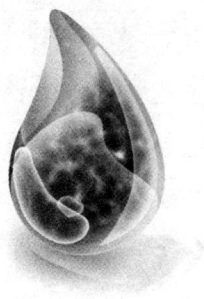

我们一生会遇到很多事、很多人，总有很多时候，你会"看不惯"。

"看不惯"很正常，关键在于如何用恰当的方式去表达。你眼中的缺点在别人眼中有可能是优点，也有可能是你戴了有色眼镜看人，所以，当你看不惯的时候，请不要随意抱怨、批评或指责他人，更不要在背后说人是非。做好自己，放下成见，也许你就会发现，你当初所抱怨和讨厌的正是一道靓丽的风景。

– 1 –
苦水吐多了，容易成为一种习惯

抱怨就像肚中的苦水，会越吐越多。你每重复一次，内心就会痛苦一次。久而久之，你的内心就会变得抑郁起来，痛苦也就成为你生活中的一种习惯。

若你想抱怨，生活中的一切都将会成为你抱怨的对象：被领导批评了、工作压力大、工资低、物价又上涨了……只要生活在这世上，总有抱怨不完的事。因此，每个人都会有这样的疑惑：为什么不如意的事会发生在我的身上？

殊不知，抱怨就是肚中的苦水，它就像一片阴云一样，会越吐越多、越吐越苦，对于解决问题不仅无益反而有害，甚至还会导致焦虑和抑郁等情绪的产生，这些负面情绪会渐渐地湮灭我们内心仅剩的一点点快乐与活力，这就是心理学上所说的"情绪传染"或者"传染性焦虑"的现象。

生活中，当我们心情不好时会找别人吐苦水，想博得别人的同情，但是凡事都必须有个限度，反复重复自己的不幸，只会让人觉得你是个生活的"怨妇"，最终得到的只可能是看客心理的满足，他人茶余饭后的谈资，以及别人对你的厌烦，这样的结果就是让你感到越来越苦，直至无法承受。

晓兰是个白领丽人，各方面条件都很好，但有一个缺点，就是爱抱怨。

她总是有很多的牢骚，不是抱怨这个，就是抱怨那个，仿佛全世界的人都欠她的一样。她当着张三的面说李四不好，说李四如何对不起她。而当着李四的面又说张三不好，说张三办事如何不对。

一次，她又和朋友抱怨上了："你可不知道，我们公司的老板可小气了，用人特别狠，他想用最少的钱让我们干最多的活，每天把我给累的，我都不想干了；还有我们公司的副总，一天到晚地训斥我们，还经常让我们加班，也不给加班费，你说这活还怎么干？最近公司的情况不太好，估计都快撑不下去了，你要有什么好的工作机会帮我留意一下。"

一开始，面对晓兰不停的抱怨，朋友们还好言相劝，或者开导一番。但渐渐地，每次一见到晓兰，他们就像老鼠遇见猫一样、拱背竖发、全身戒备，心里祈祷晓兰千万不要和自己说话。

每个人都想从别人的身上获得积极向上的东西，没有人愿意成为别人的苦水瓶子。无穷无尽地抱怨，会给人带来很大的负面影响，就好像总是让人生活在阴雨连绵之中，见不到一丝的阳光，没有人喜欢生活在那样的环境之中，所以人们见到总是抱怨的人自然会退避三舍、敬而远之。

在很多情况下，你若想抱怨，生活中一切都会成为你抱怨的对象；若你不抱怨，生活中的一切都不会让你抱怨。当事实摆在面前的时候，你不应该一味地去抱怨，而要靠自己的努力去改变现状，这样才能祛除内心的不满，这也是你改变目前一切不如意的唯一办法。

青青因为刚刚大学毕业，缺乏工作经验，所以很久都没有找到合适的工作，后来就暂且在一家保健品网络销售公司做推广员。到公司上班没多久，青青就发现公司中的大部分人都对自己的本职工作很不认真，他们不是抱怨工作任务大，就是抱怨待遇太低，有的还抱怨没前途……

的确，这是一份让人很头痛、很难做的工作，青青的工作开展起来也很困难。第一个月她拿到的只是最基本的底薪，虽然工资低、职位低，但她知道抱怨不能解决任何问题，再难也要上。

怎样做才能让人们愿意接受公司的产品呢？经过一番思考后，她细心地在网上做了市场调查，并确定了工作路线，接着她一头扎进工作中，更加努力地工作。为此，青青还在网上举办了一个健康知识咨询，免费为那些有困惑的人提供疾病方面的咨询。

渐渐地，越来越多的人对青青公司的产品产生了兴趣，她接下来的工作进行得顺利多了，业绩突飞猛进，很快便受到经理的重用。时间一长，青青则成了公司里的"顶梁柱"，而其他同事还在抱怨，还在原地踏步。

在人生的道路上，有阳光，也有阴霾；有平坦，也有坎坷；有畅通，也有荆棘。为此，不要为自己所遭遇的逆境而失意，豁达乐观一点儿，放弃毫无意义的抱怨。只有心如止水、平静安神，才能保持清醒的头脑和理智，才能从容淡定地走好人生之路。

要记住，当你无休止地抱怨现状不好的时候，现状绝不会为此而自行改变，只会在你前进的路上设下种种障碍，使你永远不可能达到成功。唯有切实地行动起来才能改变现状，这也是你迈向成功的必经之路。

– 2 –
看别人不顺眼，首先是自己的修养不够

卡耐基说："尖锐的批评和攻击，所得到的效果都是零"。批评就像家鸽，最后总是飞回到家里。当你想指责或纠正对方时，他们会为自己辩解，甚至会反过来攻击你。

俗话说："人非圣贤，孰能无过。"每个人都免不了会犯这样或那样的错误，而且人犯了错误以后都很难及时醒悟，甚至会不愿意承认。这个时候，我们要学会宽容对方，不要对其大加指责，否则，不仅会将对方拖入不快之中，而且还会使自己心生痛苦。

小梅和张可是一对夫妻，张可有一家自己的公司，所以小梅就在家里做家庭主妇。她对丈夫很是体贴，但是，张可则对妻子十分不满，看不到妻子的"作为"，总是会用指责的语气怪妻子整天闲在家里什么都不做。

有一天，张可照例忙到很晚才回家，回家后看到房间里乱七八糟，好像遭遇了"土匪"。正在张可紧张难耐的时候，他看到了坐在沙发上的妻子，于是便问道："家里到底发生了什么？你为什么一天到晚什么都不做？"

小梅很不情愿地看了一眼丈夫，说："什么也没有发生，平日我收拾家，你责怪我什么也没做。今天我确实什么也没有做，你可以看看家里到底发生了什么。"

每个人都不喜欢被别人指责，当别人指责自己的时候，我们的心中会本能地产生不快。这也就告诉我们，指责别人不仅伤害了别人，同时也会伤害到自己。

有个心理学家曾经做过这样的实验：在一个班级中，那些不断被鼓励和表扬的学生，其学习的积极性非常高，而且学习效果也很好；而那些经常被老师指责或批评的学生则往往会因为失去信心而使成绩越来越差，对学习也失去了兴趣。也就是说，在很多情况下，一味地指责或批评是解决不了问题的，反而会使结果越来越糟糕。所以，在面对他人错误的时候，我们不要一味地指责别人，相反，应该学会体谅别人的心情，然后积极地鼓励对方，让对方从鼓励中获得自信或力量，最终，你收到的结果一定会比你去指责或批评别人要好得多。

钱梅是一家出版社的职员，各个方面都好，就是脾气有些大，总爱指责他人的不是。为此，她经常与同事发生矛盾，弄得人际关系非常紧张。

工作时，钱梅总是看谁都不顺眼，见谁都不想搭理，总是觉得同事做事太幼稚、太庸俗，似乎每个人的身上都有一大堆她不能容忍的毛病：别人穿的衣服她看不顺眼，总是给对方挑出来一大堆的毛病；同事吃饭的时候她总嫌对方嚼咀声太大；同事说话声音稍大一些，她就说对方没教养，等等。总之，钱梅总是觉得与这些同事们在一起工作简直就是一种煎熬。

钱梅从不怀疑自己的工作能力，但是对于自己是否要继续待在这里却拿不定主意。因为自大学毕业后的 8 年时间里，她曾经换了 3 份工作，而且每份工作都是因为忍受不了同事的"坏习惯"而离职的。

最终，钱梅她真的不知道该怎么办了，频繁地换工作对自身的发展很不利。为此，她苦恼极了。

不可否认，每个人都有犯错误的时候，每个人身上都有缺点。但我们要谨记，只要对方不是一个顽固不化的人，我们就要拿出应有的品德去包容他的缺点，抑或帮助他改正缺点。与其一味地去寻找对方的缺点、指责对方，还不如通过不同的方式去了解对方、寻找对方的优点，到那个时候，你苦恼的问题就迎刃而解了。

有位名人曾经说过："看别人不顺眼，首先是自己的修养不够。"这也就告诉我们，在指责别人之前，应该先自省吾身、认清自己。同时，我们还应该时常抱着一颗平常心，以正确的心态看待周围的事物，"不以物喜，不以己悲"，不要因为别人的错误而大加指责。

人人生而平等，任何人都没有指责别人的权利，也没有谁可以随便让你大加指责。所以，在面对一些尴尬事情的时候，我们一定要学会以最为委婉的方法去和别人沟通。只有这样，才能够大事化小、小事化了，才能获得对方的友爱，我们也才能获得快乐，否则就可能会激怒对方，使彼此成为势不两立的"敌人"，最终只会让自己的心中被仇恨填满。

– 3 –
戴着 "有色眼镜"，世界失去其原味

当你戴着 "有色眼镜" 看这个世界的时候，这个世界也会因此变得不再纯净。你只有摘下自己的 "有色眼镜" 才能清楚地看清眼前的世界，才能够体味到更多的真情和快乐。

每个人在出生的时候都是纯洁无瑕的。初识世界，一切都是新鲜的，眼睛看见什么就是什么。人家说这是山，你就知道那是山；人家告诉你它是水，你也就认识了水。然而随着年龄的增长、经历世事的增多，我们才发现自己的心已不那么纯净，会戴着 "有色眼镜" 去看世界，对周围的一切充满了疑虑、不平和戒心。那山不再是真实的山，水亦不是单纯的水，一切都承载了个人的意志，于是，不再轻信他人、轻信周围的世界，从而将自己置于痛苦中。

苏珊是个性格怪异的女人，每天什么事情都不做，一睁开眼睛便会指责别人的缺点。

有一次，她的一位好朋友去她家里做客，苏珊很礼貌地给朋友倒了一杯水，但杯子上有些污垢，让人无法入口。更可怕的是，她刚刚倒完水就坐在沙发上开始 "工作"：她指着窗外说："你看那个女人真没有用，连个衣服都洗不干净，上面还有那么多脏东西，谁要是娶了这样的老婆不就倒大霉了吗？"

朋友顺着她的手看去，于是就对苏珊说："你看仔细了吗？我怎么觉得不是别人没有洗干净衣服，而是你家的窗子没有擦干净。"听了朋友的话，苏珊顿时不知所措，这才明白了自己的过失。

在苏珊的眼中，美的事物并不是单纯地美，背后有许多不为人知的事情。苏珊这样的凭空想象，无疑给自己增添了太多的烦恼，这又何必呢？实际上，我们时常感到不快乐，就是因为缺乏欣赏事物原本真实面目的能力，戴着有色眼镜看人，在现实生活中，我们也总是会戴着有色眼镜看人，从而忽视了我们原本可以享受到的安宁。而正是因为我们有着如此行为，才让我们失去了原本的快乐。

有个农夫靠种植蔬菜赚钱，有一次，隔壁村的人要他送一车蔬菜过去，于是农夫就划着小船出发了。那一天，骄阳似火，农夫汗流浃背，这让他内心多了一些烦闷。但是，为了养家糊口，即便心中憋闷，他也不敢有过多的抱怨。

正当小船沿河而下的时候，农夫突然看到前方有一艘船，那艘船正朝着自己的方向驶过来。眼看那艘船就要与自己的船"亲密"接触了，农夫不禁大喊道："让开，让开，你往哪边走，你这个混蛋，船要撞上了。"但是，任凭农夫怎样卖力喊，那艘船就是没有避开的意思，见到这样的情形，农夫才有意识地想将自己的船划走，但是一切都已经晚了。那只船狠狠地撞在了农夫的船上，满船的蔬菜全部落入水中。

这时候，农夫彻底发怒了，他憋了一天的气这一刻就像火山爆发一样："你这个混蛋，你到底会不会划船啊？这么宽的河你不走，偏偏撞上我的船，你给我下来！"说着农夫伸头去看了一下那艘船，想和船夫较量一番，可是他还没有较量就傻眼了，原来那是一条空船。空船怎么会听得到农夫说话呢？看着一河的蔬菜，农夫深深懊悔，自己当时没有避开它，让出河道。

农夫之所以会落得如此狼狈的下场，就是因为他一味地希望别人改变航道，而自己原地不动。殊不知，那条船上是无人的。在生活中，我们也总是希望别人做出改变来迎合自己的口味，有时候还盲目地责怪别人的不是。就像农夫一样，船都撞了，还感觉是"别人"的错误。

农夫之所以无法从自身出发去避免这样的灾难，是因为他的眼睛始终戴着一副有色眼镜，看到的只是被眼镜折射的"真相"。这样的"真相"与实际情况相去甚远，最终给自己带来的却是无尽的烦恼。

因此，要想生活变得更加美好，要想让自己的人生充满快乐和幸福，我们要主动摘下眼前的有色眼镜，擦亮自己的双眼，不止去看别人的缺点，也要看别人的优点，同时还要看自己的缺点。只有这样，我们才能够看清别人、看清自己，也看清这个世界。

所以，为了让自己变得快乐一些，让自己对生活少些抱怨和计较，就请摘下你的有色眼镜吧。这样，你才会让你的眼睛看到真实的世界。而这个时候，你就会专心致志地做自己应该做的事情，不会与旁人有任何计较。正所谓：人本是人，不必刻意去做人；世本是世，无须耗尽精力去处世；事也本是事，无须追求尽善尽美，这便是真正地做人与处世了。

生活有其原本的面貌，面对一切世事，我们只有摘下有色眼镜，才能将一切看淡、看平常，烦恼就不会存在了，因为很多事情都是生活的必然。

如果你还会为生活中的小事而抱怨不已，如果你还在因为无法容忍他人的错误而烦恼不已，那么，你现在就应该静下来问自己：一辈子做人，如何才算是做好了？一辈子处世，如何才算得上是成功的处世？人生在世，无非是让人笑笑，偶尔去笑笑别人；曾经沧海过后，再去回顾以前的事情，无非是云淡风轻，不过只是反复不停地日升日落罢了。想到此，你还会继续戴着你的有色眼镜生活吗？

− 4 −
计较让你失去公允的心

爱计较的人注定一生都难以获得幸福和快乐，唯有时刻抱有感恩的心，做一个不计较得失成败、不计较别人缺点的人，才能够体会生活的惬意，体味生命的真谛，获得人间的真爱。

生活中的许多烦恼都是因为内心过于计较产生的，尤其是在现实生活中，很多人都在计较着人生的得失、计较成败、计较功名，而这些正是诸多烦恼产生的根源。特别是在人与人交往中，因为计较太多，产生了过多的矛盾，使自己陷入痛苦和烦恼之中。

为此，我们要想使自己快乐起来，就要放下过多的计较，以宽容的心态去面对一切，这样才能够告别琐碎与平庸，才能不钻牛角尖，才能不为了面子而耿耿于怀，才能不将那些微不足道的、鸡毛蒜皮的小事放在心上，才能笑看名与利、得与失。

不计较，就是给自己的心灵筑上了一道防护线，使自己不主动去制造烦恼的事情来寻求无尽的刺激，即便真是听到一些负面的信息、遇到一些不愉快的事情，也会泰然处之，不会因一时的损失而不知所措。

寺庙中，有一位德高望重的老法师有很多名弟子。一日傍晚时分，他在禅院中悠闲地散步，突然看到墙角边有一张椅子，他一看便知道是自己的某位弟子违反寺规出去溜达了。

见此情形，老法师没有作声，而是悄悄地走到墙边，慢慢地移开椅子就地而蹲下来。不一会儿，果真有一个小和尚翻墙而入，黑暗中踩着老法师的肩膀跳进了院子中。当他双脚着地时，才发现自己刚才踏的不是椅子，而是自己的师父。见此，小和尚惊慌失措、张口结舌，心想这下该被赶出寺院了。

但是出乎他意料的是，师父并没有厉声地责备他，只是以平静的语气说："夜深天凉，快去多穿一件衣服吧。"小和尚听了很受感动，从此再也不违反寺规了。

故事中的老法师发现小和尚违反寺规，如果与他计较，对其大加斥责甚至是惩罚，必定会惹出许多烦恼和不快来。而小和尚最终也有可能被赶出寺院，那样痛苦自然也少不了。而正是因为少了一些计较，最终化解了许多矛盾，也为彼此少了一些痛苦和烦恼。

生活中，能够做到像老法师那样的人少之又少。很多时候，我们都喜欢计较，更喜欢对他人的过错进行斥责，殊不知，这样做只能给自己徒增痛苦和烦恼。

有一个挑水工，他每天都要为村里人送水。每当他出现在村口，就会有人注意到他，因为他挑水的两只桶中有一只是破的。但他从来没有想过要换一只新的，而是每天坚持用破桶挑水。

有一天，有个人看到他的破桶一直在漏水，就大声地斥责他道："你看你真没有用，每次挑水都要白白洒那么多水在路上。"这时候，挑水工放下水桶对对方说："水怎么会白白洒掉呢？你看看路边的这些小花小草吧，这些都是这只烂桶的功劳啊！如果没有它，就不会有现在的美丽风景了，这也是我为何不把它换掉的原因。"

这时候，那个人才意识到自己的错误。从那以后，他再也不去计较他人的缺点，而是学会了去欣赏对方的优点。

众所周知，世界上没有完美的人，既然如此，我们就没有必要去计较别人的缺点。就像挑水工一样，虽然那只水桶有了裂痕，但是它却可以浇灌路旁的鲜花，让一路的风景变得更加美丽。

现实生活中，人与人之间难免有碰撞，即便是心地最和善的人，也难免会伤害到他人，如果过于计较，不仅会使自己陷入无尽的烦恼之中，也会置旁人于痛苦之中。所以，我们要以宽容之心多去谅解别人、理解别人。宽容是一种博大的情怀，它能包容人世间的喜怒哀乐；宽容是一种至高的境界，它能使人跃上大方磊落的台阶。只有宽容，才能"愈合"不愉快的创伤；也只有宽容，才能消除人为的紧张与痛苦。

也就是说，人生在世，唯有抱着宽容的心态，才能够获得别人的尊重，才能够体会到人生的幸福。当我们以包容的心态看待别人的缺点时，就相当于是在包容我们自己，我们的生活也会因此而变得更加美丽、变得惬意。

– 5 –
他人的是非不可以成为谈资

人前若爱争长短，人后必然说是非。背后说人是非，不仅会让自己的名誉受损，也可能会因此而结下恶缘，最终败德伤名，实在得不偿失。

人们常说"祸从口出"，说的就是人如果不能管好自己的嘴巴，就会给自己招惹不必要的麻烦，尤其是那些爱在背后说人是非的人。

张杰的公司长期与一家外贸公司合作做生意，外贸公司的张经理与他长期合作，是他的重要客户。

有一天，张杰竭力劝说张经理扩大与他们公司的贸易合作，但最终还是没得到张经理的接受。

于是，张杰当时恼羞成怒，张经理刚走出办公室，张杰就对周围的同事说："你看那个死胖子，只要往公司大门口一站，连蚊子也要侧着身子才能进来。"结果，这句话不胫而走，几天后就传到张经理的耳朵里了，于是张经理便终止了与张杰公司的所有合作，让公司大受损失。

后来，张杰知道了真相后，多次请张经理吃饭，真心诚意地向他赔礼道歉，但最终也没能得到张经理的原谅。

可以试想，张经理听到别人在背后说自己的是非，心中一定恼怒至极，因为他的尊严受到了诋毁，怎么可能再与张杰合作呢？这就是背后道人长短的代价。所以，无论在任何情况下，我们一定要管好自己的嘴巴，切莫在背后说人是非。

生活中，不仅有很多"长舌妇"，而且许多人都有在背后议论他人是非的习惯，当然，在背后议论最多的都是他人的"非"，说的多是他人的坏话。这种攻击性的语言会对你产生十分不好的影响，同时，如果传到当事人耳朵里，那么你与他人的关系也很难再维系了。

"勿道人之短，勿说己之长"。人与人之间的许多是非都是因为没有管住自己的嘴巴，在背后说人坏话，伤的不仅是对方的心，最终也会伤到你自己。

一个爱在背后说人是非的女孩，她每天几乎什么事情都不做，专门在旁人面前说另一个人的闲话。这让她的邻居和朋友很是尴尬，也因此让许多朋友离开了她，她为此变得极不快乐，不知道以后的生活怎么办，于是向一位智者请教。

智者看着眼前这个总爱抱怨的女孩，没有多说什么，只是递给她一个袋子，并告诉她："你现在可以出去了。出去之后，你就将袋子里面的东西拿出来，撒在地上，撒完后你再回来找我。"

那个袋子非常轻，女孩出门后就好奇地打开了，结果发现有很多的羽毛，她不知道智者何意，但也只好照做。撒完后，她兴奋地来到智者面前说："我已经撒完了，您现在可以告诉我怎么做了吗？"

智者点点头："你现在再去将那些撒掉的羽毛捡起来。"女孩一听，不禁大发雷霆："你这个老不死的，分明是在耍我，那些羽毛早就被风吹跑了，你让我去哪里捡啊？"

智者说："你也知道那些羽毛捡不回来了。其实那些羽毛就像你平日在背后说人的那些坏话一样，想收回来是不可能的，更不要说那些话对别人造成的伤害了。你的朋友之所以会渐渐离你而去，就是因为他们心上有你制造的伤口。"

这时候，女孩才认识到自己的错误。谢过智者后，她就回去了。从那以后，她不再随意说别人的坏话、道别人的是非。周围的朋友看到她的改变后，就又回到了她的身边。

说出去的话就像泼出去的水一样，无论如何也是收不回的。所以，我们在评论别人之前一定要三思，切莫说他人的坏话。否则，你也可能像故事中的女孩一样使许多朋友离开你。

当然，我们每个人都不可能不说别人，也不可能不被人说。但是，我们需要记住的是，不要让说他人坏话成为一种习惯，否则只会自食恶果。如果你发现他人有什么缺点，完全可以找个合适的机会委婉地说出自己的看法，这样才能让别人在接受你的同时对你心存感激。

– 6 –
想要解决问题，批评不是好方法

批评是带着利刃的抱怨，世界上没有任何人会喜欢被别人批评。批评不能从根本上解决问题，只会起到相反的作用。为此，我们要以积极的眼光去看待别人，少些批评，多些赞赏。

在生活中，我们看到他人稍有差错就会去批评：你这样做是错的，麻烦你能不能聪明些；哎呀，你怎么又犯这种低级错误了呢！下次还是不要来了；这么简单的问题怎么还学不会呢？……这样的批评就像一把利刃一样会刺痛他人的心。

一位哲学家说："批评是带着利刃的抱怨，通常是针对某人而发出，意图贬低此人。"我们不可否定，批评可以有效地改变一个人的行为，让其随着你的意愿走。但是，在很多时候，批评造成的效果恰恰是相反的。

安娜的家位于马路边，这大大方便了她的生活，但是也给她带来诸多的困扰。因为马路边前面不远处有个红绿灯，经过的车辆为了能够在红灯到来之前从路口驶过去，都会加快速度，安娜家的狗就是为此而丧命的。

很多时候，每当车子疾驶而过时，安娜都是在她家门口的花园中割除杂草。为此，她会对驾驶人大声地喊："能不能开慢一点儿！"有时候则不仅大喊，还会挥舞手臂，想让他们不要开快车。但是令她恼火的是，她发现这个办法一点儿用也没有，经过的车辆还是在她家门前疾驶而过，车上的人还会在快车行经时别过头去不看她。特别是经常路过的一辆红色的车最可恶，无论安娜怎么高声尖叫、用力挥手，那辆车上的人仍然危险地飞速疾驶。

有一天，安娜又在花园中割草，她又注意到那辆红色的跑车逐渐驶近，速度依旧飞快。安娜什么也没做，因为她觉得不管用什么办法让车上的人减速都是白费力气，她看到车上的女人看着她，就微微地对对方微笑。就在这时，那辆红色跑车的刹车灯亮了一下，车速也放慢了。

这时，安娜觉得很是惊讶，因为这是她第一次看到这辆跑车不是以飞快的速度呼啸而过。她还注意到那辆车上的女人在对着她微笑。

从此以后，那个女人每经过那里看到安娜，总是会放慢车速，对她微笑、招手。在好奇心的驱使下，安娜有一次关掉除草机，走到前院前问对方："你为什么对我微笑，还对我招手？"

那个女人说道："很简单，不是你先对我微笑的吗？你把我当成好朋友，对我微笑我当然要对你微笑呀！"

这令安娜大吃一惊，没想到，先前所有的大声批评都没有一个微笑来得实在！

的确，这个世界上，没有任何人喜欢被批评。在很多时候，我们的批评只会让对方产生逆反心理，不仅不能消除事端，反而会扩大事端。有一位企业家说："人们对于欣赏的回应，远远比批评更为热烈。"欣赏能够激励人们表现得更为优越，以获得更多的赏识；而批评则使人心态变得消极。当我们贬低别人时，其实也是在默许此人往后依然会按错误的方式行事。比如，如果我们指出某个人比较懒惰，那么他在与我们交往时，就会接受自己比较懒惰的事实，这也等于给了他们默许懒惰的权利，那么，他在你面前也很难变得勤快了。而如果你赞赏他勤快，那么，事实可能就会相反。

　　每个人都希望得到他人的认可、重视，而如果你一味地对他人批评，那么对方可能就会向着相反的方向发展。所以，从现在开始，你要学会以欣赏的眼光去看待周围的人，不管对方犯了什么错，也要看到积极的一面，并对其表示赞赏。这样，你不仅能成为受欢迎的人，而且还能够让对方更趋于完美。

第八章
别在生活的假象里执迷不悔

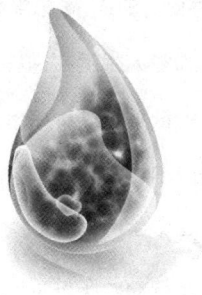

　　什么样的人容易收获假象和谎言？将自己掩埋在过去时光中的人；心灵被不切实际的欲望填满的人；太在乎他人意见或流言的人；一条道走到黑、不懂得变通的人；顾虑重重，容易被犹豫不决绊住脚的人……

　　这是因为，那些人生活在过去，所以把握不住当下的幸福；因为心灵被不切实际的欲望填满，所以看不到当下所拥有的；因为太在乎他人的看法，所以不知所措，生活在别人的阴影中；因为在一条错误的道路上不知回头，所以最终只会被现实撞得头破血流；因为顾虑重重而迟迟不肯付诸行动，所以看不到未来的希望……因为生活在假象和谎言中，所付出的代价是惨痛的。因此，我们要避免陷入这些雷区，要勇于拨开那些迷惑我们双眼的东西，从而真实地倾听内心的声音，真真切切地活在现实中。

– 1 –
过去很好，但时光不会倒流

昨天已经成为历史、成为人生中的回忆，不管是美好的，还是悲戚的，我们都没有能力重新来过。我们唯一能做的就是忘记过去、把握现在、展望未来。

很多人都有学自行车的经历，刚开始的时候，我们总是害怕跌倒，总是盯着自己的脚下而不去看前方的路。可是最后却发现，我们仍旧没有骑好。但是，当我们学会骑自行车的时候，我们似乎就忘记了脚下，而是一心看前方的路。最终的结果是，我们不但能够克服心中的恐惧心理，还可以骑得坦然自若。之所以会这样，就是因为我们学会了忘记，忘记之前的失败，使我们有了自信和勇敢，有了通向成功的"钥匙"。

很多时候，我们总是抱怨失败太过青睐于我们，抱怨成功的花环不落在我们的头上。其实，我们并不是输给了自己本身，而是输给了自己的内心、输给了过去。因为以前的失败让我们害怕，所以我们不敢放开手脚；因为害怕，我们没有勇气继续前行；因为害怕，我们向困难低头；因为害怕，我们选择了半途而废……

不妨试想一下，如果我们能坚持到最后，我们还会失败吗？如果我们能够忘记过去失败的痛苦，大跨步迎接暴风雨的来临，我们还会失败吗？当然不会。也就是说，只要我们忘记了过去的失败，忘记了失败带来的痛苦，我们就可以迎着今日的朝阳走向更加美好的明天。

张天是一个有名的企业家。在很多人看来，张天是了不起的，在他身上似乎有一种成功的天分。然而，了解张天的人都知道，他并不是一个"具有天分"的人，以前的他并不具备现在的雷厉风行的行事风格。

张天一生参加了4次高考，前3次均以失败告终。在失败面前，张天没有低头，而是重整旗鼓。纵然失败让他丢尽了面子，让他承受了很多的痛苦和蔑视，但他从来没有在乎。就这样，在他第4次参加高考的时候，终于金榜题名，考入了自己梦寐以求的大学——北京大学。

之后，张天申请出国深造，申请了3次都没有成功，别人给他的理由是"英语水平不过关"，然而，张天并不相信自己是个"低等生"，于是决心开办自己的学校。

在一次演讲中，张天曾经这样说过："我从来都不怕失败，我只告诉自己，忘记失败带来的痛苦，因为我心中有梦，我要圆更多人的梦。"

张天的成功正如泰戈尔所说："只有经过狱火的焚烧才能练就创造世界的双手，但同时我们必须忘记狱火的恐怖；只有流过血的手指才能弹出世间最美的绝唱，但同时我们必须忘记流血的疼痛。"张天做到了，所以他成功了，他圆了很多人的出国梦。

人生就是这样，我们看到的往往是成功人士和明星在舞台上灿烂的笑容，却从未想过他们经历过多少挫折和困苦。他们之所以能够绽放如此灿烂的笑容，就是因为他们学会了遗忘，因而才能在经历过风雨后迎来美丽的彩虹。

因此，我们要想获得更多的成就，要想实现自己的梦想，我们就要不畏艰难，学会忘记过去失败的痛苦。

1933 年的金融危机，让一向强大的美国遭受了严重性的打击，政府曾经采取了很多手段来挽救美国，但是结果都不尽如人意。

　　正在美国经济陷入萧条的时候，罗斯福登上了美国总统的位置，他刚一上台就决心实行改革。但是，他的提议却遭到了很多议员的反对："政府之前已经实行了很多次改革都失败了，我看还是不要改革了，想想其他的办法吧。不然的话，你拿什么来让我们相信你的改革能够成功，能够使国家摆脱金融危机的困扰？"

　　面对议员的反对，罗斯福说："我知道自己没有把握让这次改革获得成功，但是我知道一点，如果我们实行改革，国家不一定能够摆脱危机的摧残；但不改革，国家是一定不会摆脱金融危机的困扰的。现在的我已经忘记了前几次改革的失败，我只希望这次的改革能够迎来全新的面貌。"

　　议员顿时哑口无言，只得按照罗斯福的想法去实行，大刀阔斧地在国内实行改革。最后的事实证明了罗斯福的做法是对的，他不仅使美国平安渡过了金融危机，还使美国在危机过后经济发展迅速。

　　法国著名的革命家伉尔曾说过："只有当你把一件事做到忘记失败时，你才算真正做好了这件事。"罗斯福之所以能够改革成功，就是因为他忘记了之前的失败，以全新的面貌来面对这次改革，在他的脑海中永远不存在"万一"。

　　我们试想一下，如果罗斯福在进行改革时，始终因为前几次的失败心有余悸，担心这次改革是否会再次失败，那么改革最后还能取得成功吗？答案是否定的。

　　人生路漫漫，我们会面临很多次失败，但我们要清楚，跌倒并不可怕，可怕的是我们陷在失败中难以自拔、一蹶不振。有人这样说过，生命是一场游戏，没有人可以风平浪静地结束这场游戏，而那些跌倒次数越多的人就是游戏的获胜者。

其实，我们都是那个会跌倒的人，只有学着去接受跌倒的现实并及时地忘记失败带来的痛苦，我们才能在失败面前无所畏惧、勇往直前，才能迎来更加美好的明天。

— 2 —
未来会很糟糕吗，那不取决于现在的担忧

即便世俗的万物从你的掌握之中溜走，也不必去忧心，因为它们没有价值；尽管整个世界为你所拥有，也不必高兴，尘世的东西只不过如此；我们应该从自己的心灵之中找归宿，使自己快乐一些，不必为没有价值的东西而烦恼。

地球每天都在转，过去的一切都是过眼云烟，我们无须为所有无价值的东西而忧虑，只有珍惜当下的好时光、寻求当下的快乐才是生命永恒的真谛。但是，现实生活中，很多人却不懂得这个道理，太把过去的自己当回事，整日让无谓的忧虑使自己迷失现在。

有一位老婆婆，每天都在为未来担心。她担心自己有一天会失去所有的东西，担心自己会生病、担心自己的钱袋会被小偷偷去……于是，她每天都是忧心忡忡的，害怕自己的所有担心都会变成现实。

有一次，她上街非常担心自己的钱袋会被小偷偷去，于是一路上她心中都在不停地警告自己要看好周围的人，看谁会真的将自己的钱袋偷走。最后就在仓促与不安中，她的钱包果真丢了。

未来的还未到来，而你过于担心，只会让自己丢失当下的更珍贵的东西，这是得不偿失的。所以，我们应该把注意力放在当下，不必过于为未来担忧，避免失去更多。

不要忘了，今天有今天的事情，明天有明天的烦恼，很多事无法提前完成，过早地为将来担忧，于事无补。况且，令人们烦恼的事情都不是必然的，它们也许只存在于自我的想象中，并不会真的出现。美国作家布莱克伍德在一篇名为《99%的烦恼其实不会发生》的文章中，叙述他在"二战"期间的一段亲身经历。

40多岁的布莱克伍德，因为战争的到来，众多烦恼也一并而来。他所创办的商业学校，因为男孩子都入伍作战去了而面临严重的财务危机；他的儿子在军中服役，生死未卜；俄克拉荷马市征收土地建造机场，他的房子就位于这片土地上，而他能够得到的赔偿金却只有市价的1/10；他的大女儿提前一年高中毕业，上大学需要一大笔费用，而这笔钱他还没有筹到。布莱克伍德正坐在办公室里为这些事烦恼，随手拿了一张便条写了下来，苦想对策，但都没有想出好的解决办法。最后，他只好将这张纸条放进了抽屉。

几个月过去了，布莱克伍德已经不记得自己写过这张便条。一年半之后的一天，他在整理资料时，无意中发现了这张列下摧折了他烦恼事的便条。一边看，他一边觉得十分有趣，因为那些烦恼和担忧没有一件真正发生过。

他担心商业学校无法办下去，可政府却拨款训练退役军人，他的学校很快就招满了学生；他担心自己的儿子在战争中受伤，可最后他毫发无损地回来了；他担心土地被征收去建机场，可后来因为住房附近发现了油田，他的房子没有被征收；他担心长女的教育经费凑不齐，可他找到了一份兼职的稽查工作，解决了这个难题。

最后，布莱克伍德得出了一个结论："其实，99%的预期烦恼是不会发生的，为了不会发生的事饱受煎熬，真是人生的一大悲哀。"

许多烦恼和忧愁都是自己给自己绑的绳索，是对自己心力的无端耗费，这就如同自我设置的虚拟的精神陷阱。怀着忧愁度过每一天，设想自己可能遇到的麻烦只会徒增烦恼。实际上，等烦恼真的来了，再去考虑也为时不晚，别忘了人们常说的那句话："车到山前必有路，船到桥头自然直。"

今天如同一座独木桥，只能承载今天的重量，倘若加上明天的重量，必定轰然倒塌。所以，不要想太多有关未来的事，不要顾虑太多，只要好好地享受、欣赏现在的生活就行了。活着的本分就是做好今天，明天永远是未知的。当事情还没有发生的时候，不必徒然地担忧，就算你所担忧的事情真的发生了，也可能因为一些其他的事情而改变，让事情朝着好的方向发展。

然而值得一提的是，不要为未来忧虑，并非全然地不为未来考虑，需要我们分清楚忧虑与计划的区别，虽然二者都是对未来的一种考虑。但是计划是明天的行动指南，有助于你更有规律地开展未来的活动，而忧虑则是你对未来可能发生的事情而忧心忡忡、不知所措，这就是忧虑，它是一种消极的情绪，它也不会对未来的事情产生积极的效果，只会浪费自己当下的宝贵时光，正因为如此，我们要尽力地摒除它。

最后，请记住，不要为明天忧虑，明天自有明天的忧虑，否则你会迷失现在。

– 3 –
总觉得自己应该得到更多，这是个坏念头

当心中的欲望之火燃烧的时候，我们就会情不自禁地陷入幻想的状态，总感觉自己得到的还不够多，而这是失去自我、置我们于失败之地的重要因素。

在追求成功的道路上，欲望是使我们内心不清净的根源。欲望多的人，贪心就重，也很容易患得患失。为此，他们的内心会产生诸多的冲突与矛盾，让自己情不自禁地陷入幻想的状态，从而使自己作出错误的判断或选择，最终使自己走入失败的泥潭中。

在人生这条漫长的道路上，如果一个人心中的贪念太多，道路上的坎坷就会越多，终究很难成就自己的事业。如果我们在处世的时候也经常被欲望所累，那我们的心灵就会蒙上一层纱，难以辨别是非，更不要说达到自己的目的了。

生活中，我们总是放不下那些本不该属于我们的东西，让无休止的欲望充斥着我们的心灵、束缚着我们的生活。因此，当我们作选择的时候便会无所适从，最终导致无法获得自己想要的幸福和快乐。而只有当我们的内心处于极其平静的状态时，内心的贪欲和杂念才没有了安身之处，我们的心智才不会被打乱，才能够活出真正的自我。

然而，生活中能够达到这种境界的人屈指可数，因为在我们的周围有

太多的诱惑，面对这些诱惑，我们难以控制自己。如此一来，我们的心灵就难以获得平静，生活自然就受到了很大的牵连，更没有什么快乐可言了。

这个时候，我们不妨放下心中的贪念。只有在夜深人静的时候，净化自己的心灵，我们才会发现，世界其实是那样美好。我们之所以不快乐、之所以找不到人生的"光明"，正是因为我们内心积压了太多的欲望。

在一个偏僻的小山村里住着一对相依为命的兄弟，他们的父母很早就撒手人寰，留下了这两兄弟。虽然两人生活拮据，也非常辛苦，就靠家里的几亩薄田生活，但他们从来没有抱怨过，依然每天在农田里忙得不亦乐乎。

最后，他们的真情和辛勤的劳作打动了上帝。于是上帝便托梦给他们，那天夜里，他们做了同样的一个梦，梦见上帝告诉他们："你们要想致富，就去遥远的东方吧，那里有一座太阳山，山上有很多金子，你们可以享之不尽。不过只因路途遥远，想到达那里不是轻而易举的事情，能否成功就看你们的造化了。另外，你们还要记住，在太阳落山前一定要下山。"

于是，两人便决定赶往太阳山，一路上可谓是艰难险阻，他们要穿越森林、蹚过河流，遇到了无数的毒蛇猛兽，但他们从来没有想过放弃。最终，他们披荆斩棘，来到了太阳山。

看到满山的金子，两人喜出望外，但哥哥牢记上帝的话，非常平静地从地上捡了几块金子后便下山了。可是弟弟却兴奋地躺在遍地的黄金上，享受着被财富包围的幸福，直到太阳的余晖洒在他身上的时候才想起上帝的警告，于是开始捡金子，由于他总感觉捡得太少，所以直到夜幕降临的时候，他还没有离开。从那以后，他就永远与金子躺在了一起，再也没能回家。

然而，哥哥却不同，他带着仅有的几块金子回到家，开了一家食品厂，不久就成了远近闻名的富翁。

看完这个故事，或许有人就会嘲笑故事中的弟弟因为太过贪心而忘记了上帝的话，白白地丢了性命。因此，在生活中，我们不妨扪心自问：自己的内心是否也被欲望所占据呢？如果是，那就要及时清除，因为它会蒙蔽你的双眼，让你迷失自己。

　　贪欲如同熊熊大火，一不小心就会在我们的内心燃烧，如果我们不懂得放慢自己的脚步，不懂得放下心中的贪念，那我们的心灵就会被腐蚀，我们的双眼就会变得模糊不清，看不到世界的真相，也看不到真正的自我。

　　某位哲学家说："眼睛不要睁得太大。试问，百年以后，哪一样是你的？"的确，我们每个人苦苦追寻的东西，到最终又有哪一样才是属于自己的呢？而只有心灵的快乐与轻松才是生命的真谛，才能让我们生命恒久地拥有。也就是说，心灵是衡量我们生命的天平。

　　心中多一份悲伤，生命就会多一份痛苦；心中多一点阳光，生命就会多一些快乐。心灵的负担越重，生命的脚步就越慢，以致最终因不堪重负而停止，所以，我们要适时地放下心中的欲望，不要让心灵承载太多的负累，最终才能让自己获得恒久的快乐，而快乐不正是我们毕生所追求的吗？

　　因此，从此刻起，学会放下，不要让贪欲遮挡我们的视线，也不要让贪欲占据我们的心灵。唯有这样，我们的身心才得以放松，生活才会更加美好。

– 4 –
无论你走哪条路，都会有人说

"走自己的路，让别人去说吧。"在生活中，我们要想活出真正的自己，要想实现自己的人生价值，我们就要坚定自己的意念，摒弃别人的眼光和标准。

生活中，我们常常会不自觉地在乎世俗人的眼光，为了得到别人的满意，可谓费尽心机。我们经常会经历这样的现象：当别人说我们的衣服很难看的时候，我们就会将其压在箱底，再也不会去穿；当别人说我们唱歌很难听的时候，我们再也不会轻易地张口唱歌，尤其是在人多的时候；当别人说我们非常胖的时候，我们就会很在意，并投入到减肥的状态……但是，即便我们很在意别人的看法，还是会有人对我们不满意，提出这样或那样的问题。其实，在很多时候，我们要完成一件事情根本花不了太多的时间，但是因为太在意别人的眼光，所以将自己弄得身心疲惫。

爷爷带着年幼的孙子共同赶着一头毛驴去集市上买东西，没走多远，就看见一群姑娘在路边边笑边议论道："你看这两个人真傻，有驴子不骑走着。"

这时候，爷爷就想：她们说得对，应该骑上去。这时候，他让自己年幼的孙子骑了上去，而自己则在后面赶着驴子。

走着走着，他们遇到了一群老人正在悠闲地打牌，看到他俩后，不禁生气地说："你看这孩子也太不孝顺了，让老人在后面赶驴，自己却在上面那么轻松。"孙子一听很不乐意，于是就跳下来，对爷爷说："爷爷，他们说得对，应该让您上去坐着，我来赶驴。"于是爷爷上了驴，孙子则在后面蹒跚地走着。

没走多久，他们又遇到了一群老太太，老太太一看后面的孙子，就大骂道："这老头可真狠心啊，让孩子在后面给他赶驴，自己倒挺舒服。"爷爷一听，这样也不行，最后干脆两个人都骑上去，那样就不会有人说了。

之后，在他们经过一家养驴户的时候，那家的主人就说："可怜的驴啊，他们居然这样虐待你。"这时候爷爷就想：这也不对，那也不对，我们还是抬着驴走吧。

于是，爷爷就找了绳子和棍子，爷孙俩就抬着沉重的驴子去集市。在他们经过一条河的时候，由于驴子太重，最后掉进了河里，被水冲走了。

其实，这爷孙俩本可以走自己的路，不去听别人怎么说，但最终因为自己没有主见，任凭别人"摆布"，把自己搞得无所适从。这个故事旨在告诉我们：做任何事情都不要受外界的干扰，要有自己的主见。

要知道，以别人的标准来衡量自己，不仅不会正确地认识自己，还不能达成自己的意愿。然而，要想让所有人都满意自己的作风，简直就是天方夜谭。很多时候，我们顾忌了这个人的感受，就可能忽略另一个人的感受。由此一来，不仅自己没有讨到什么好处，还让别人骂自己做作抑或更加不堪入耳的话。

因此，我们没有必要在意别人的评论，也没有必要在乎别人的眼光，我们要学会释然，不要去在乎别人怎么看自己，更不能活在别人的世界里。当我们真正做到释然的时候，我们就可以真正地体会到生活的美好和生命的真谛了。

费曼和自己的妻子琳达过着非常幸福的生活，琳达的性格很开朗，在生活中总是给费曼带来很多的惊喜，让他们的生活始终充满了情趣。

有一次，费曼还在普林斯顿的时候，他的妻子很意外地给他寄来了一盒铅笔，当他打开盒子之后才发现，在那些铅笔上刻着很多的字，如："亲爱的，我爱你，琳达。"看着妻子精心刻下的字体，费曼的心中有一股暖流流过，他非常喜欢妻子送自己的礼物。但是他转念一想：如果我用铅笔的时候被别人看到，他们会笑我的，我还是不要用这些铅笔了，但是我也不能浪费啊。

思前想后，费曼决定将上面的字全部刮掉。但是，不久后，他的妻子就寄来了一封信，信上写的是："亲爱的，你把那些字刮了？你难道是因为我对你的爱让你感到羞耻吗？我真的好伤心啊。"这时候，费曼才恍然大悟，他想："是啊，我应该为自己能得到妻子的爱感到骄傲，我干吗去管别人怎么想、怎么看呢。"

从那以后，费曼再也不会遮挡妻子给予自己的爱，后来他还以"你管别人怎么想"为主题，然后结合自己的一生，写下了和妻子之间的爱情以及生活。

生活中，如果我们总是在意别人的评价，就往往会在别人的赞美声中迷失自己，抑或在别人的诋毁声中一蹶不振、否定自己。更严重的是，太在意别人的眼光和看法，会让我们的心里承受很大的压力，那时候的我们便会不希望自己的缺点流露，因此面对着千目所视、万手所指，我们就会失去积极主动的活力，而压力自然接踵而至。

其实，用别人的标准来衡量自己的人，无非是想通过听取别人的意见来获得更为和谐、更为良好的人际关系。但是,你要知道,你周围有众多的人,你不可能做到让人人都满意,不可能让每一个人对你都绽露笑容。通常的情况是:你顾及这个人的感受,却有其他人对你产生不满,甚至根本不领情。每个人的利益是不一致的,每个人的立场、每个人的主观感受也是不同的,所以我们想做到面面俱到,不得罪任何人,又想讨好每一个人,是绝对不可能的。

就像那句老话所说:"人非圣贤,孰能无过。"我们都会犯这样或那样的错误。如果你还不能理解这个事实的话,请想一想你会怎样对待你的朋友,你会不会因为一个小错就嘲笑他、鄙夷他,乃至抛弃他?恐怕你不会这样做。因此,你应该相信一个道理:"即使我有缺点、我会犯错,但并不代表我一无是处。其他人很可能不会对我的错误介意。即使别人对我的错误无法容忍,也不代表我没有任何希望,只是说明我需要改正罢了。"

所以,对于别人的评论,我们应当学会释然。无论是在什么场合,无论我们是否美若天仙,我们都不必活在矫情之中、活在别人的世界里——处处担心别人怎么想自己、看待自己,而应该经常对自己说:"哦,没有人注意我,真好!"当你懂得了这种释然,你就会体会到什么才是真实的、无忧无虑的生活。

所以,如果你还在因为别人的议论而困扰,如果你还在为别人一句不经意间说的话而懊恼,那么,从现在开始,忘记吧,好好地做一回自己,活出自己的精彩。不要试图让所有人都满意,因为那是不可能的,只要你接受自己、做好自己、活出真实的自己就已经足够了。

– 5 –
一条路走到“黑”，是见不到“光明”的

在追求成功的道路上，唯有学会变通才有可能达到目的。而那些坚持一条道走到黑的人是偏执，如此下去，他们是很难看到未来光明的曙光的。

在奋斗的过程中，选定自己的目标以后，就要不懈地坚持下去，这是一种执着的精神，也是取得成功所必不可少的毅力。但是，在很多时候，过于执着却未必是件好事情。比如你在执行目标的过程中，发现目标不符合实际。这时候，如果你还刻意地、执着地要坚持，就变为一种偏执了。面对这样的情况，与其苦苦挣扎、蹉跎岁月，不如适时变通一下，改走另一条道，否则就永远也不可能看到未来希望的曙光。

大西洋中有一种鱼长得极为漂亮，银肤、燕尾、大眼睛。因为平时都生活在深海之中，所以不易被人捉到。但是它们会在春夏之交逆流产卵，会顺着海潮漂流到浅海。这时候，它们极易被渔民捕到。而捕捉它们的方法很简单：在一个孔目粗疏的竹帘下端系上铁块，放入水中，由两个小艇托着。

这种鱼的“个性”极为要强，脑袋不爱转弯，即便是闯入罗网之中也不会停止向前游。所以，它们便会“前仆后继”地陷入竹帘孔中，帘孔随

之也会紧缩。竹帘缩得愈紧，它们就愈激怒，于是更加拼命地往前冲，结果却被牢牢地卡死，最终成群结队地被渔民所捕获。

生活中，也有很多像燕尾鱼那样的人，太过于执拗，一味地"向前"，却忘记了审视前方，最终落得悲惨的结局。不可否认，坚持就是胜利，然而我们要选择那些值得坚持的、有意义的事情，对于那些没有意义的事情，我们一味地坚持迎来的只会是"黑暗"，永远看不到前面的曙光。

在生活中，许多人总是喜欢给自己加上负荷，不肯轻易放下，自诩为"执着"，最终却白白浪费了过多的时间与精力。我们执着于名与利、执着于幻想的美、执着于一份痛苦的爱、执着于不切实际的空想……等到数年光阴逝去之后，才会哀伤地嗟叹人生的无为与空虚。

我们常常会这样自勉："我一定要成为某方面的专家""我一定要在一个领域内做出最大的成就……"但是很多时候，这些不切实际的理想与追求只会成为我们的一种负担，会羁绊我们实现那些切合实际的理想。所以，我们在奋斗的过程中，如果只是一味地埋头苦干，忘记了抬头看路，就会脱离实际情况，就会被外在的假象所迷惑，甚至与稍纵即逝的机会擦肩而过。但凡明智的人在埋头前进的时候，总是不会忘记抬头看前方的道路。他们很清楚，路在脚下，必须靠自己去把握；而世间的一切时刻都在发生着变化，唯有"抬头"才能跟随时代的脚步，走向美好的明天。

陈康是康伟鞋业的老总，他在33岁的时候进入一家制鞋厂，用45天的时间掌握了其他人需要3年才能学会的制鞋技术。那天，他亲自做成了第一双皮鞋，那双皮鞋在市场上的售价比一般的皮鞋高出两元。

当很多人劝他安分守己地过日子时，他总是践行自己的那句话："方向对了，就不怕路远。"

就这样，他和妻子利用仅有的 3 平方米天地开始了自己的创业史。创业初期，他每天坚持在狭小的空间待上 16 个小时：当别人工作的时候，他在工作；当别人休息的时候，他依然在工作。他的这种习惯一直延续到今天，他的勤奋成就了自己更大的事业。

不过，与其他人不同的是，陈康在埋头苦干的同时，并没有忘记时刻看前方的路，在他的事业有所起色的时候，他就开始抬头，寻找自己的发展方向。

陈康积极到世界各地的制鞋企业参观学习。这些经历，让陈康看到了温州鞋业与其他地方鞋业的巨大差距；同时，他也看到了温州鞋业发展的巨大潜力和空间。在接下来的时间里，他开始大刀阔斧地进行改革。从那刻开始，他又进入了"埋头苦干"的状态，康伟鞋业也进入了腾飞阶段。

当康伟鞋业处于快速发展时期，随着温州鞋业的好转，陈康决定退出批发市场，走连锁道路。之后，他邀请到意大利的设计师来协助自己……最后，他终于建立了自己的制鞋王国，将自己的事业推向了国际舞台。

陈康之所以能够获得最后的成功，就是因为他懂得何时应该"埋头苦干"、何时应该"抬头看路"。他不仅发现了自己的不足，还找到了企业发展的方向，这也是他的事业飞速发展的最重要原因之一。

众所周知，生活中最具有乐趣的就是旅行，因为在旅行的过程中，我们可以看到世间的一切，可以体会生命的真正价值。但是，在这个旅途中，我们一定要懂得抬头，否则我们就看不到沿途美丽的风景，从而很难真正地享受生活。

我们要知道，埋头是为了在既定的方向上更上一层楼，而抬头则是为我们的未来找寻正确的发展方向。因此，在前进的道路上，我们不仅要执着地追求，更要看准方向，就像陈康说的那样："方向对了，路再远也不怕。"
如果我们坚持"一条道走到黑"，那我们就真的会"走到黑"，就会永远
见不到明日的"阳光"。

– 6 –
再多的顾虑也不能帮你辨别方向

在前进的道路上，使人疲惫的往往不是远方的高山，而是鞋里的一粒沙子。而
顾虑就是随时使你疲惫的鞋里的那些沙子。凡事顾虑太多、总是犹豫不决，必然会
使你迷失前进的方向。

在我们奋斗的过程中，固然需要时不时地停下来看看前方的路，为未
来考虑周全。但是，如果你顾虑太多，那么你的心中就会背负沉重的包袱，
终使你迷失前进的方向。

其实，这些顾虑主要源于在面对众多选择时所产生的难以割舍的矛盾
心理。有选择就有放弃，而放弃是每个人都不愿意做的事情。因此，这些
烦恼和痛苦自然就从内心滋生出来了。

有这样一个故事。

在古代，有一个技能高超的射箭高手，他射出的箭百发百中，从来没
有失手过。为此，人们对他的射箭技能十分敬佩，还到处传颂他出神入化

的技术。后来，他的美名传到了国王的耳朵里，国王就命人将他请到官中亲自表演，并对他说："今天请你来是想请你展示一下你精湛的射技，如果你射中了远处的那个目标，就赐给你万两黄金，如果射不中，就发配你到边疆去充军。"

这位箭手听了国王的话，神色变得激动起来，他取出一支箭搭上弓弦，心想一定要射中，这可关系着自己的命运。当开始发箭的那一刻，一向镇定的他呼吸变得急促起来，拉弓的手也开始抖起来，最终箭落在离靶心几尺远的地方。

旁边的一位大臣叹道："看来一个人只有真正地将得失置之度外，才能成为真正的神箭手呀。"

射箭手之所以没能发挥他真正的射箭水平，就是因为他太在乎自己的得失。内心有太多的顾虑，使自己的心灵背上了沉重的包袱，最终也只能以失败告终。

在前进的道路上，一个人考虑得越多，内心所受的折磨就会越大，前进的步伐也就越艰难。生活中，我们很多时候不能成功，也是像射箭手那样，因为内心太把一些东西当回事，害怕失去，所以才患得患失，致使心理上受到了极大的折磨。

其实，要想得到一些东西，必然会失去一些东西。别人的眼光根本不重要，关键是自己怎么看自己。所以，不要给自己头上戴上美丽且无用的大帽子，把自己压得喘不过气来。

人在害怕失去的同时，又期望自己什么都能得到，这个想要，那个也想要，以致迷失了前进的道路；因为肩上的东西太多，把已经拥有的抓得太紧，所以才会患得患失。如果什么都想要，最后不仅什么都得不到，还会迷失自己。

有一位年轻人刚从一所名牌大学毕业，便去找心理医生，因为他感到非常迷茫，他本来想考研究生，但又害怕研究生毕业后很难找到工作；他想去一家大型集团上班，但是又害怕女朋友离开自己……

他内心很是痛苦。不过，心理医生听了他的烦恼，微微一笑，让他把所有的烦恼都写在纸上，并让他判断自己的所有担心是否是真实的，将结果写在旁边。

经过实际分析，年轻人竟然发现自己的所有困扰都是不真实的，看着眼前的那张困扰记录，他不禁说道："无病呻吟。"心理医生注视着眼前的一切，微微地点了点头，接着对他说："你知道章鱼的故事吗？"年轻人茫然地摇了摇头。

"有一条章鱼，在大海中本来可以自由自在地游动，寻找食物、欣赏海底世界的美丽景致。但是，它却给自己找了一个珊瑚礁，然后将自己困在绝境之中。年轻人，你觉得你是否像那条章鱼呢？"

年轻人说："真的很像！"

心理医生又提醒他说："当你陷入烦恼时，就把自己想象成那条章鱼，只要松开你的八只手，你就能自由自在地游动。须知，拴住章鱼的是它自己的手臂，而非海中那些珊瑚礁的枝丫。"

在现实生活中，很多人都如故事中的年轻人一样，在前进的道路上，因为顾虑重重，最终将自己束缚在绝境之中，从而动弹不得。其实，正像那位心理医生所说，许多烦恼和顾虑都是自己造成的，只要你松开手，勇于舍弃，就能像章鱼一样自由地游动。在生活中，我们在做每一件事情时，都会有两道墙出现在前方：一道是外显的墙，那是关于整个外部大环境的围墙；另一道是我们内心所隐藏起来的墙，这是我们心中为自己所设限的墙，而决胜的关键就看你能否用坚强的意志去突破它。

在生活的道路上，我们随时都可能面临各种各样的痛苦选择。当遇到高成本的机会时，每个人都常常无法迅速作出选择，因为他们都不愿意轻易地放弃可能得到的东西。为此可以说，舍弃也是需要胆略和智慧的。只有认准心中的真正目标，勇于将得失置之度外，才能使自己更清晰地看清前方的道路，最终达到成功的彼岸。

第九章
拥有接纳不完美的坦然

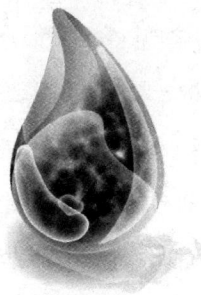

"祸兮福之所倚，福兮祸之所伏。"任何事物都有两面性，任何人都有优点和缺点。很多时候，我们之所以会过于沉浸于不幸、挫折和磨难的悲伤中，之所以会对它们心存怨恨，是因为我们太过追求完美，只看到事物外在的一面，而看不到隐藏起来的另一面。

要知道，因为任何事物的发展都是相对的，即便这一面看似完美，另一面也难免会有残缺。过于完美本身就是一种不完美，何必为了追求那 0.1% 的完美而让自己失掉 99.9% 的快乐和幸福呢？

– 1 –
珍贵的，不因瑕疵失去其价值

一些稀世珍品之所以价值连城，备受人们喜爱，不在于它的修饰有多精美，而在于它带着岁月的侵蚀，那些粗糙和划痕都是它宝贵的经历，因为真实才显得倍加美丽。

在这个世界上是没有完美的东西的，事事都有缺憾，人人也都有缺点。所谓的完美只是一个华丽的虚幻，如果过于追求完美，只会让自己活得更苦更累，同时也不能够达到自己的目标。

有这样一个故事。

在山上的一座寺庙里住着几个和尚。有一天，老和尚觉得自己时日不多了，就想从弟子中挑选一位合适的接班人。但是，他手下的弟子个个都优秀，他也不知道到底该选谁。

几天以后，老和尚就将手下几个能干的弟子叫到跟前，对他们说："你们去寺院后面的树林里各自找一片最完美的树叶回来。"所有的弟子都不明就里，但都按照师父的吩咐去做了。

这些和尚心想，这么多的树叶到底哪片树叶才是完美的呢？大家都冥思苦想，谁都不知道什么样的树叶是完美的，但师父交代的事情也不能应付，更不能不做，于是便在树林里仔细地找起来，结果累得气喘吁吁也没能找到那片"最完美的树叶"，最终大多都空手而归了。

只有一个和尚心想：这里的树叶这么多，每一片树叶又各自不同，什么样的树叶才是最完美的呢？于是他便在树林里随便拣了一片完整无损并且很干净的树叶，早早地回到寺院里。

天黑了，老和尚见众人都气喘吁吁地空手而归，唯有这个弟子很平静地把一片树叶交给他，便问他："你拣回的这片树叶是最完美的吗？"这个和尚答道："是的，虽然我不知道您说的最完美的树叶是什么样的，但我认为我拣回的树叶是最完美的。"

老和尚听后又问那些空手而归的和尚："你们都没有找到吗？"所有的弟子都说："我们尽心尽力地在树林里找了，但是根本没有找到最完美的。"

最终，老和尚宣布那个拣回树叶的弟子将成为自己的接班人。

众多和尚之所以没有找到"最完美的树叶"，其根源就在于他们没有弄明白世间根本不存在最完美的东西的道理。这时可能有人会说，我为工作付出了很多的精力，最终升了职，达到了自己的目标，不就是一种完美吗？其实，在很多时候，我们所追求到的这些"完美"，只是一个美丽的错觉。

不可否认，追求完美是人的一种心理特点，或者说是人的一种天性，按道理说，这并没有什么不好。人类也正是在这种追求中才不断地完善自己，创造出了这个五彩缤纷的世界。但是凡事都要适度，如果因为欠缺那么一点点而耿耿于怀或顽固到底，就大可不必了。要知道，为了从99.9%跨越到理想中的100%，你会为最终的那0.1%付出多出正常标准很多倍的时间、精力等资源。更何况，世界上100%的完美根本就不存在，我们所谓的完美只是一句极具诱惑力的口号、一个漂亮而虚妄的陷阱。

在生活中，那些事事追求完美的人，生活得并不惬意，而是会活得十分劳累，因为任何事物的发展都是相对的，即便这一面看似完美了，另一面也难免会有残缺。就像许多爱岗敬业的工作狂，他们一味地想在事业上追求完美，不惜付出所有的精力与时间，以求换来年度最佳工作者、单位优秀个人等一系列的完美的回报。可是，他们却失去了家庭、丢掉了健康。对于事业来说，工作狂可以说是做到了完美，而对于家庭和自己的健康呢？所以，在任何时候，我们都无须想着把事情做到十全十美，那只能让自己徒增烦恼。

有一个人从小就喜欢画画，在他成为画家以后，就欣喜若狂地将自己认为最完美的画拿给别人看，为了改进自己的作品，他在画的旁边写下：如果你觉得这幅画哪里有不足之处，请用笔圈出来。

一天过去了，画家看到自己的画上几乎所有的地方都被人圈圈点点。画家非常伤心：我画了几十年的画，原以为能得到所有人的肯定，可是……难道是这幅画不好吗？为什么得不到他人的满意呢？我是不是要放弃呢？

他的妻子知道此事以后，便对他说："你不妨明天再拿着这幅画去集市上，不过这次你要把那行字改成'如果你觉得哪里画得不错，请指出'，看看会是什么结果。"

画家虽然已经心灰意冷，但听了妻子的话，想看看自己是否真的是一无是处，便按照妻子的话去做了。天黑的时候，当画家去取画的时候，他的眼前一亮：在先前被人指责的败笔之处，又都换上了令人满意的记号。

这时候，画家才恍然大悟：不管我们干什么，只要有一部分人满意，另一部分人就必定不会满意。一些东西在一些人眼中是丑的东西，在另一些人的眼中就是美的。任何人永远都不会被所有人认可，如此，何必去迎合所有人的眼光呢？

同样的一幅画，在不同人的眼里，评价也会不同，何必为了一味地迎合别人眼中的完美而丧失自己呢？同样的道理，对于同一件事情，即便你做得再好、再努力，也会有人对你不满，满分在人生路途中只是一个虚拟的数字。

其实，我们每一个人，只要还在努力、还在奋斗，就要接受不完美的评价。这个世界上所有的事情都遵循着这样一个道理，所有的事情也都有利有弊、会受到赞美或唾骂。有人说："女为悦己者容。"既然无法赢得所有人的掌声，不如为自己而活，为那些欣赏我们的人而努力。只有接受生活中的残缺，才能活得轻松、快乐，活得美丽。

-2-
我们"自以为"的并不是真相

在羡慕别人幸福的时候，别哀叹自己的痛苦；在惊艳别人美丽的时候，别伤感自己的平凡；在渴望别人快乐的时候，别粉碎自己的快乐。只有用心去感受，才会发现幸福其实就在我们身边。

在生活中，我们会以别人快乐、潇洒的一面与自己不如意的一面进行对比，总觉得自己过得比别人差，以致每日郁郁寡欢。实际上大可不必如此，别人的快乐和幸福都属于别人，未必适合自己。

一只小狗不停地绕着自己的尾巴转圈，最后筋疲力尽地躺在地上喘气。

一头老牛甩着长长的尾巴问它："你为什么那么累呢？"

小狗气喘吁吁地说："主人告诉我，我的尾巴就是幸福，倘若我可以追到自己的尾巴，那么我就能永远得到幸福和快乐，于是我就不停地追逐自己的尾巴。"

老牛叹了一口气说："我在年轻的时候，也听主人说过同样的话。所以，当初我也与你一样为了追到自己的尾巴把自己搞得筋疲力尽。后来我放弃了，等我随性生活的时候，才发觉幸福和快乐原来就在我的身后。"

这听起来只是个简单的故事，但是，又有多少人能领悟到其中的道理呢？生活中又有多少人因为羡慕、忌妒别人的幸福而忽视了自己拥有的幸福呢？其实，在很多情况下，幸福都在我们身边，只是我们发现不了而已。唯有让自己冷静下来，看清自己，了解自己想要什么、能做什么，才能真切地体会到真正的幸福。

其实，幸福就是一种简单自在的体验，心里怎么想，就去怎么做。就像小草自然地发芽、生长，小鸟在天空中自由地飞翔一样，不用受尘世的任何束缚和约束。不必为了得到别人的赞美而去故意做作，也不必为了满足内心的物欲而给自己的心灵套上枷锁，更不必为了显示自己的威严而在孩子面前故作严肃、深沉……它是一种完全根据本我的需求去支配自己行为的生活方式。

在这个世界，任何事物都有两面性，有些看似不幸的事情却暗含着幸运；有些看似失败的事情却能激发我们的斗志，促进我们走向成功。所以，无论发生什么事情，我们都要以良好的心态去面对，唯有如此，才能感受到更多的成功和幸福。

很多人都认为别人比自己过得幸福，殊不知，你看到的只是表面现象。看到好友开公司做老板，自己却只是个不起眼的小职员，心里会觉得不平衡，殊不知，对方却有着万般的艰辛；看到别人住大别墅，心里很是难受，殊不知这是要付出极大的代价的。须知，别人的幸福都是用艰辛的付出换来的。

很多总是站在高处的人，把自己看得太过渺小，殊不知"高处不胜寒"，高处也有高处的凄凉。对于任何人来说，沿途的风景正是自己快乐和幸福的所在，只是一路忙于追赶、忙于攀比，从而忽略了那些触手可得的美好。

很多时候，人需要停下匆忙的脚步，去欣赏自己拥有的东西。在这个世界上，幸福的人感受到的幸福是相同的，所以，我们应该把自己的幸福维护好才是关键。如果拿自己的幸福去和别人的攀比，只会丢掉自己所拥有的一切。

–3–
每个人都有自己的精彩

世间的很多东西有时若用轻重来衡量，便会失去很多其自身的价值。但是，如果冷静地看待，从另一个角度去发现，那么你就会发现其实那颗最亮的钻石就握在自己手中。

在日常生活中，我们总是习惯与别人进行攀比，比如与别人比拥有的多与少、过得是否舒心或幸福。当我们与别人比较的时候，自然无法对自己已经拥有的东西进行欣赏，这样我们就自然很难快乐起来。殊不知，只要我们用心地去感受，那么就会发现，其实最精彩的生活就握在我们自己的手中。

从前，有一个农夫，终日以砍柴为生。一天，他背着砍完的柴沿着道路回家，路上看到一只受伤的小鸟可怜兮兮地躺在石头上。

这只小鸟非常漂亮，羽毛发出耀眼的银光。农夫非常喜欢，就将小鸟带回了家。在他的悉心照料下，没多久小鸟就痊愈了。

小鸟在疗伤的过程中，对农夫产生了依恋和感激之情。先前，它能为农夫做的就是每天唱美妙的歌曲逗他开心。

可是有一天，邻居告诉农夫："你这只鸟有什么好呀，我听说山上有一种浑身都长着金色羽毛的鸟，是世界上最珍贵的鸟。"农夫听后便记在了心里，于是他每天到山上砍柴时就四处寻找那只有金色羽毛的鸟。

银色的鸟感觉到了农夫的冷漠，于是觉得农夫不再需要它，从此不再唱歌了，最后更是伤心地离开了他。就在银色的鸟腾空飞起的时候，农夫却瞥见了它翅膀下金色的羽毛，原来这只银鸟正是邻居所说的金鸟啊。于是，农夫拼命地呼唤着那只鸟，可是它却越飞越远，再也不回来了。

农夫拿银色的鸟与金色的鸟进行比较，最终让自己失去了世界上最珍贵的鸟。也就是说，在很多时间，最珍贵的东西就掌握在自己的手中，只要自己用心去体会、去好好把握，便能发觉它。

生活中，越攀比，你的快乐和幸福流逝得就越快。所以，从现在开始摆正你心中的那杆秤吧，不要过分地拿他人表面的光鲜与自己相比，要学会坦然接受，接受生活中的点点滴滴。如果一味地活在攀比之中，那么你就会陷入迷茫和混乱的生活之中。其实世间万物都有自身独有的特点，少点儿比较，才能感受到其中的乐趣。

有位著名的华裔数学家叫王章程，他在年轻的时候赴美学习。22岁时，他从美国加州大学毕业。同他一起毕业的同学，为了能够赚更多的钱，都选择留在了美国一些大公司中。然而，王章程却放弃了优越的环境和待遇，毅然回国。他很清楚自己热爱科学、热爱国家，将来一定要做一名国内一流的数学家。

刚回国后，他的工资少得可怜。当时，他要维持一家人的生计，有时也会感觉到累，可是他依然坚持自己的理想，在数学研究的道路上艰难地前进着。

在他30岁的时候，还依然买不起房子，生活依然过得平平淡淡，甚至有些艰苦。几年的时间里，他都和家人住在租来的地下室内，吃着最简单的饭菜。即便这样，依然没能动摇王章程内心的理想。虽然在这个时候，和他一起毕业的同学已然月收入达到几十万美元，甚至成为月收入百万的小老板。

王章程看到同学们的成就后，并没有因此感到失落。看着他们开着高档的车子，过着令人羡慕的生活，王章程依然坚持着自己的理想，他知道自己想要的是什么，他要朝着那个目标一步步地走下去。

在王章程35岁的时候，终于一举攻克了两道世界级数学难题，赢得了全世界人的赞赏。

看到别人的成功，王章程并没有羡慕，也没有眼红，更没有拿自己与他人进行比较，而是依然坚持着自己的理想，最终取得了巨大的成功。

王章程的经历告诉了我们这样的道理：别人的生活也许很辉煌，但那未必适合自己。每个人都有自己的精彩，不必用他人的成绩来衡量自己，也不必苛求自己去超越别人。只有看淡一切，才能得到意想不到的快乐和幸福。

第十章
与自己的内心坦诚相待

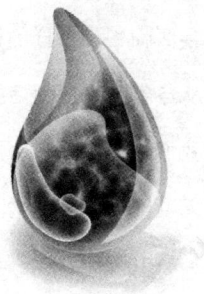

　　自省，即自我反省、自我检查，是认识自己的开端，也是重新认识自己的机会，更是一次提升自己的开始。

　　人在一生中会面临各种各样的挫折。面对挫折，有些人往往就此沉沦，而有的则从自省中感悟生活的真谛。自省可以使我们的内心变得更为纯净，使我们的心灵更有力量。自省的过程犹如用锋利的手术刀解剖自己，毫无疑问这是痛苦的。但唯有这样，我们的症结和缺陷才能明白显露，心灵中的污点才能得以驱除。当内心变得纯净的时候，我们的心灵便会更有力量，从此自然而然地生发爱心，让自己变得更为成熟，心胸变得更为广阔。

– 1 –
感激折磨你的人让你更强大

折磨过我们的人能够刺激我们不断进取，获得成功，因此我们要感谢他们，正是因为他们的存在，才使我们不断地壮大。

刀不磨不锋利，人不磨不争气。生活中，我们难免会受到各种各样的折磨：对手的百般打击、同事的冷嘲热讽、朋友的风言风语……这些看似与自己为敌的人，往往也是自己的朋友。所以，我们不必对他们心存怨恨，而是要以积极的心态面对他们，因为他们激发了我们的斗志，磨炼了我们的意志，从而提高了我们的才能。

成功学大师卡耐基说："一个人在饱受对手折磨的背后隐藏着未来的成功，所以，敌人是促进你取得成功的原动力。"一位哲人也说过，任何的学习都比不上一个人在与敌人较量的时候学得迅速、深刻和持久，因为它能使人更深入地了解社会、接触社会现实，使我们得到提升与锻炼，从而为我们铺就一条成功之路。

因此，如果你能够以感激的心态对待你的敌人，那么你就不再是一个悲观消极、面对苦难掩面而泣的人，而是一个在道路上无往不胜的勇士。

汽车大王亨利·福特出生于密歇根州格林费尔德城，父亲是当地一个农民。福特在家排行老大，所以从 13 岁开始，他就在一家私人加油站打工以养家糊口。

福特刚开始想学修车，因为他很早就对机器类的玩意儿感兴趣。但是，起初老板也允许他在前台接待顾客、打打杂。

老板是个极为苛刻的人，每次都不让小福特闲着。每当有汽车开进来时，都会让他去检查汽车的油量、蓄电池、传动带和水箱等。后来，老板会让他去帮助顾客擦车身、挡风玻璃上的污渍。有一段时间，每周都有一位老太太开着她的车来清洗和打蜡。这个车的车内踏板凹得很深，很难打扫，并且这位老太太极难打交道，每次当福特给她把车清洗好后，她都要再仔细检查一遍，并让福特重新打扫，直到清除掉车上的每一缕棉绒和灰尘，她才会满意。

终于有一次，小福特忍无可忍，不愿意再给她洗车了。这时店老板厉声斥责他说："你不愿干就赶快滚，你自己看着办吧！"小福特心中很是痛苦，回家后就将事情告诉了父亲，父亲却笑着告诉他："好孩子，你要记住，这是你的工作责任，不管顾客与老板说什么，你都要尽力做好你的工作，这将会成为你的人生财富。"

在以后的日子中，小福特谨记父亲的话，不管老板与顾客再怎么刁难他，他都会以微笑视之，并努力将事情做好。几年后，福特凭借自己的各种基本洗车技术以及其在工作中的良好表现，开起了自己的店面，最终成为世界级的"汽车大王"。

其实，福特的成功与他懂得感激那些折磨自己的人有着极大的关系。"吃一堑，长一智"，那些让你吃一堑的人正是给你一智的客观条件，如此，你为什么不对其心存感激呢？只有学会感谢折磨你的人，才能让你与成功结缘。

在生活中，你是否有这样的感受：有一个很差劲的上司，你往往会因为他的一句批评或对你的误解，就让你萌生一定要成功的念头？你的父母可能因为不够关心你而与你产生了隔阂，而你从此会萌生要努力做一番事业的念头？从心理学上来说，当你受到打击超过你心灵所能承受的限度的时候，就会爆发出一股力量，这股力量会驱使你向他人证明你能够成功。因此，我们一定要对那些折磨过自己的敌人或是朋友心存感激之情，没有他们，就不会有我们今天的成就。

康熙60岁大寿时，举行了一场盛大的"千叟宴"。在宴会即将结束时，康熙拿出老祖宗留下的大铜碗，装了满满三大碗酒。第一碗酒，康熙敬孝庄皇太后，感谢她帮助自己登上了帝位，并辅佐他如何做一位好皇帝；第二碗酒，康熙敬天下臣民，感谢他们为江山社稷所做的贡献；当他端起第三碗酒的时候，众人屏息以待，都想知道谁是康熙要敬的第三个大恩人。然而，康熙给出的答案却出人意料。他缓缓地说："第三碗酒，我要敬给朕的那些死敌们，他们都是英雄豪杰。是他们逼着朕立下了丰功伟业，朕恨他们，但也敬他们，是他们造就了朕……"

暂且不说康熙的执政生涯怎么样，就凭这三句感谢的话，尤其是他对死敌们的感谢，就足以让他备受尊重。我们不能够苛求所有人都能够拥有康熙那样的胸襟，但他身上的这种气度的确值得人们敬仰。

生活中，每个人几乎每天都会受到折磨，而每一次折磨都代表我们又将获取进步。那些折磨我们的人可以让我们时刻检讨自己哪些地方做得不好，哪些地方需要改进，进而让自己变得更坚强、更优秀。如果说对你好的人是在"帮助你成功"，那么折磨你的人则是在"逼迫你成功"。为此，我们从现在起，就要时刻对折磨我们的人心存感激。只有这样，我们才能在折磨中体会到一种幸运和满足，才能使自己更为成功。

– 2 –
承认错误不等于认输

谁都可能犯错，但并不是谁都能在错误中获得成长，差别在于心态不同。其实，承认错误、接受错误并不等于认输。只是有人太看重面子，不肯认错，结果只能一错再错。

每个人从出生到死亡，谁也不能保证自己不犯错误，关键在于犯错之后有没有承担的勇气。只有勇于承担错误，才能让自己成长得更快，才能更快速地达到自己的目标。

生活中，很多人觉得承认错误是件很没面子的事情，其实不然。承认错误是一种担当、负责任的表现，没有人会因为你主动承认错误而看不起你。所以，不要太在意自己，不要总认为别人会因此而觉得你懦弱。事实上，除了你自己，根本没有人会这样想。

同时，承认错误不代表认输，恰恰代表了你的大度。能够接受自己的不足，并能从中汲取更多的经验和教训，那么在以后的漫漫人生道路上，你将会发现，其实这是一笔不小的财富。

其实，生活中的很多事情都是极为简单的。之所以麻烦重重，就是人为原因将其搞复杂了。很多事情无须去深究，只需你轻轻的一个微笑、真诚的一句对不起，就可以使事情过去，但就是因为我们不肯低头，最终只会置自己于烦恼之中。

另外，在我们努力实现目标的过程中，遇到了错误也要及时反省、及时承认，如此才能够让自己在成功的道路上越走越远。有人曾说，错误就像一个孩子，优秀的家长可以在它出现后用心地将它培养成才，而不负责任的家长则会让其变得没落、阴暗。由此可见，及时反省、勇于承认错误对获取成功有着多么重要的作用。

错误既然已经发生了，就不要一味地悔恨，及时地从错误中汲取教训，就能更快地取得成功。一个渴望成功、渴望改变现状的人，是绝不会因为一个错误而停止前进的脚步的。只有把错误当作垫脚石，才能仰望更广阔的天空。

人总是在跌跌撞撞中成长起来的，所以，我们不要因为自己摔了跤就怪路不平，也不要因为犯了错就去怪罪别人。如果内心永远充满攻击和伤害，不仅仅会给别人带来伤害，同时也会让自己无法逃脱痛苦的深渊。承认自己的错误可以使你的内心释怀，而这要比逃避更能让你轻松。因此，在很多时候，我们要留些时间，每天反省一下：今天有哪些是我做错的，不管别人做得对不对，我是否有不理智的作为？只有这样的人，才能够得到更多人的尊重，才能成为一个有成就的人。

- 3 -
磨难之所以强大，是因为内心的弱小

这个世界上本没有真正的绝境，再荒凉的土地也会变成生机勃勃的绿洲。所以，我们遭遇人生低谷之时，不要被眼前的困境所击败。这个世界上没有过不去的坎儿，只有不愿过去的人。有时候，磨难之所以那么强大，是因为我们内心的弱小。

这个世界上从来没有真正的绝境，有的只是绝望的思维，只要你肯奋进，就能摆脱困境，你比想象的要坚强得多。

曾经有一位伟大的军官。有一次，他带领着自己的军队去一个岛上作战，可是，敌强我弱的现实却让他陷入了窘况。要打赢这场战争需要经历怎样的残酷，这名军官心里有数，可是他又不得不奋勇前进。

于是，士兵们在军官的带领下登上了船。到了敌阵后，军官命令士兵们将船上所有的东西都搬上岸，然后又下令将送他们渡水而来的船全都烧毁。

士兵们都知道这意味着什么，因为，决战之前，军官向自己的军队发表了演讲，他说："船上岸后就会被烧毁，除非我们打了胜仗，否则我们谁也无法活着离开。"

最终士兵们奋力拼杀，取得了巨大的胜利。

这支军队之所以能创造出奇迹，关键在于他们内心的力量。当回去的船被烧毁后，这支军队已经完全没有了退路。于是，他们的内心激发出了最强大的力量，从而可以与敌人拼命厮杀。这样，又如何会不胜利呢？

其实，在很多时候，我们没有自己想象的那么弱小。我们之所以表现出弱小，是因为我们往往给自己留有退路。

我们知道，跳蚤是世界上最善跳的动物。它有惊人的能力，能跳过高出它 100 倍以上的距离。但是，动物学家曾做过这样一个极为有趣的试验：抓一群跳蚤放在玻璃杯中，再将其用透明的玻璃盖住。这时，每只跳蚤都开始不停地奋力往上跳，但是每跳一次都会撞到玻璃盖。一个小时以后，跳蚤依然在跳。不过，因为之前撞痛过几次，于是跳蚤就将自己跳起的高度降低了一点儿，因为这样就不会撞到盖子了。3 天以后，动物学家将透明的玻璃盖拿掉，这时他们发现，虽然每只跳蚤仍不停地往上跳，但是却没有一只能够跳到玻璃杯外面来，因为它们已经"习惯"了轻轻地向上跳。

很多人在前进的过程中，也经常给自己的心灵设限，将自己固定在一个特定的圈子中，习惯性地否定自己，最终被恐惧扼住了心灵，从而将自己困在困境中不得解脱。

实际上，我们每个人都有无限的潜能和勇气，你比你想象的要有能力、要坚强得多！

这是发生在美国加州一个真实的故事。

有一位母亲独自出门，将自己刚满 3 岁的孩子独自留在家中，离开的时候她忘记了关窗户。等她回来的时候，在楼下却发现孩子在自家 12 层高楼的窗户旁边玩耍，已经到窗户边了，再往前挪动几步就有掉下来的危险。

母亲非常担心，正要跑上楼时，孩子却在楼上看见了她。于是，孩子就挪到窗边向妈妈招手。母亲还没来得及惊叫，孩子已经失足掉了下来。

这时，母亲丢下手中的东西，不顾一切地向孩子落下的地方狂奔。在场的人无不惊叹这个穿着筒状裙和高跟鞋的母亲的奔跑速度，最后她顺利地接住了孩子。这位母亲的行为不能不说是一种奇迹。

科学家说，人在时间紧迫的情况下去完成工作任务，身体会分泌大量的肾上腺素，进而可以激发出无尽的潜能，从而能促使人跑得更快、跳得更高，力量也会更强。而若是一个人处于顺境或轻松的情况下是不可能突然爆发出这种惊人的潜能和做出惊人的成就的。所以，当我们身处困境中，一定要坚信自己有能力突破并努力去尝试，这样就一定能够摆脱困境、走出绝境。

在一个学习班里，数学老师每天给班上学生出3道题目，让他们回家练习。

有一天，一个学生拿到题目后却发现老师多给了他一道题目，而且最后一个题目似乎已经超出了自己的能力范围。

这位学生就这样想："长久以来，老师一直都只给我3道题目，也许是老师看到我的成绩有所进步，所以就想增加一些难度来让我练习。"

于是，志在必得的他，满怀信心地演算起来，他如往常迅速地将前3道题目解答了，然而到了最后一道题目，他却陷入了迷惘，完全想不出解题的方法。但是他并未放弃，而是完全把自己沉浸在思考中，终于在清晨的鸡鸣声中，他找到了答案。但是，他感到十分内疚，因为他居然花了那么长时间去解答那道题，实在有负老师的精心栽培。

　　当他将答案交给老师时，老师一脸吃惊地问他："你是如何解答出来的呢？"原来，最后那道题目在数学界流传了许多年，一直无人能够解答出来。那天，老师十分不小心地抄错了题，致使该题成为这个学生的作业之一。更令人意外的是，这个平时被他看作是能力一般的学生却将之解决了。这个学生就是中国著名的数学家华罗庚。当他将"难题"解答出来的时候，老师心中顿时觉悟：其实，每个人都比自己想象的要强大。

　　被老师认为能力一般的华罗庚却做出了惊人的壮举，这说明人的潜能是无限的。只要努力去尝试、去奋进，就没有什么不可能，你比你想象的要强得多。

　　所以，我们每天都要给自己留出一点儿时间去回想一天的经历。只有多了解自己，并不断地给自己鼓励，才能让自己变得无限坚强。有位哲人说："人最大的敌人就是自己，打倒自己的不是敌人，而是自己。"没错，人生最难进攻的就是自己，而最难战胜的也是自己。别人对我们再好或者再坏也改变不了什么，唯一能改变我们的就是我们的心。

− 4 −
对困境的恐惧让我们夸大危险

在困境中，恐惧的心理要比危险本身可怕得多。如果我们不能从内心真正地克服恐惧，那么，我们只会被自己所打败。

"不面对恐惧，就得一生一世躲着它。"其实，在很多时候，内心的恐惧要比恐惧本身要可怕得多。如果没有好的方法克服内心的恐惧，那么，你的内心就会被恐惧所侵蚀，如此是很难达到成功的。

有人说，人生就像过独木桥，稍有闪失就会一败涂地。的确，面对一个狭窄的独木桥，我们总会心惊胆战，生怕自己不小心坠入河中。然而越是害怕，我们就越会失败，就这样一而再、再而三地落水，再没了前进的勇气。

为什么失败总会在自己的身上降临？我们必须进行反思，找到其中的答案。其实，答案很简单，那就是心理失衡。很多时候，失败的原因并非是我们力量薄弱、智能低下，而是周围环境的威慑。面对险境，很多人早就失去了平衡的心理，慌了手脚、乱了方寸。

举一个简单的例子，当我们孤身行走在荒郊野外时，是不是会感到一丝毛骨悚然？然而，当我们真正走出这片地方时，会发现原来刚才的恐惧根本没有必要。但是，有的人就是因为那份恐惧吓破了胆，最终再没能看到第二天的阳光。所以说，当我们总结失败的原因时，不要总是强调客观原因，而是应当多从自己的心理状态入手。

有4个人被困在山里。这里地势险恶，想要活命，他们必须经过一段恐怖的峡谷。这段峡谷的两端只有几根光秃秃的铁索横亘在悬崖峭壁之间，而下面便是奔腾湍急的水流。

峡谷的四周是高耸入云的巍峨青山，但此时的美景却让他们感到非常压抑，那道铁索下面的轰鸣水流更是让他们不寒而栗。这4人不知道这里便是人称"死亡峡谷"的地方，只是觉得这里很险，想要活命很难。

这4个人要想安全逃离这里似乎非常难，因为在他们之中只有两个是耳聪目明的健全人。另两人中，一个是盲人，一个是聋人。可这4人知道，要想到另外一边，就必须通过这个铁索桥。于是4人咬紧牙关，爬上铁索，凌空行进。最后，让人担心的盲人和聋人都顺利地过了桥，其中一个健全人也战战兢兢地勉强通过了，而另一个健全人则跌下了铁索桥。

很多人对这件事表示诧异。为此，活下来的那个健全人说："正是因为他拥有健全的身体，所以才不幸丧了命，这正是他的缺点。"听到的人一片哗然。

盲人笑笑说："这并不是玩笑，正因为我不知道山多高、水多险，所以我才能屏息静气地攀索。而那位耳聋的朋友听不到周围的声音，不知道脚下河流的咆哮激愤，恐惧感自然也会减小。"

听到这里，所有人都感到好奇，就问那个健全人他是怎么爬过铁索的。那人说："其实很简单，我想我过我的桥，险峰与我何干？急流又与我何干？只要尽力稳住自己的脚就足够了。那个掉下去的朋友就是因为被看见的、听见的吓破了胆，所以才出现了意外。想要爬过那道铁索，只要先闭上自己的眼睛和耳朵，就会很容易通过。"

故事中的铁索寓示着我们的人生。在人生中，我们也会遇到这样的情景、经历这样的困难。这时，就要求我们必须拥有一个良好的心态。只有在困难面前拥有一个好心态的人，才会取得最终的成功。

人生中所谓的困难，十有八九都是由自己的内心制造的。正如那句名言所说："困难像弹簧，你强它就弱，你弱它就强。"面对困难，只有积极面对才是解决问题的唯一方法。如果总想着失败，总想着压力，那只能让困难变得更为"强大"。

所以，要想战胜恐惧，就要让自己的内心强大起来。

其实恐惧都有一个特征，就是源于一种尚未来临的危机在心中寄生，重复地演绎着一场触摸不到的现实。

想象常会令我们夸大一些事情，比如现实中微小的"声音"，会在梦里变成恐怖、尖锐的声音；一个小小的矛盾也能在梦里放大成烟雾弥漫的战争……因为梦会把内心世界最真实的一面扩大到夸张给你看，只有承认了它的存在，并让内心强大起来，才能战胜它！

– 5 –
除了你自己，没什么能永远依赖

靠山山会倒，靠人人会跑，只有自己最可靠。就是说，这个世界上最可靠的人是自己，那些依赖性强的人，总有一天会被突如其来的现实彻底摧毁。

我们每个人本身都是一座取之不尽的宝藏，它存在于人的本性之中，只不过一些不懂得自省的人觉悟不到而已，不知道自己亲手去挖掘，反而一味地去依赖别人。

尤其是当今的一些独生子女，有一家几口人给的依赖，常常使他们不自觉地陷入等、靠、要的心态。而这种依赖的心理，只能让这一代在家享福，出门受苦。他们所遭遇的挫折，会让其难以端正心态，自暴自弃，最终毁了自己。而要摆脱这种状态必须反省自己的依赖行为，让自己尽快成熟起来，才不会成为"长不大的小宝宝"。

王波是家里的独生子，家长对他疼爱有加，真可谓是捧在手里怕摔了，含在嘴里怕化了。王波在家人的过度呵护下就像失去了手脚，什么都不会做，每天只等着家人的帮助。直到他到了上学的年纪，家人就犯了难，因为他不敢自己一个人走路上学，没办法，爸爸只得每天接送他去学校。

几年后的王波，在高考时不幸落榜了，他就天天待在家里，既没有学上，又不愿下地干农活，每天躺在床上，活像个植物人一样。他总觉得只要有爸爸妈妈在，自己就不会被饿死。就这样，年迈的父母一直得不到休息，常年过于操劳的爸爸，终于因劳累过度而去世了。又过了几年，母亲也去世了。

可王波仍然不甘心，他已经过惯了这种有依靠的生活。于是，他到表哥家寻求帮助，表哥觉得他这样生活下去不行，就为他找了一份建筑的工作，每天管 3 顿饭，还有 100 元的工资。可是王波没干一星期就溜走了，因为在工地上他睡不好、吃不香，感觉日子太难过了。为此，表哥无奈地又给他介绍了几份工作，但他依然如故。之后，生气的表哥就把他赶走了。

几个月后，一个村民在河边的废弃屋里发现了王波的尸体。后来经过相关人员的检查，判断他是被饿死的。

王波前半生都在依靠父母，但是他却忘记了这个世界上没有谁能陪他走过一生。他过分依靠别人，有手有脚又年轻的他，像个失去灵魂的行尸走肉，最终落得个悲惨的下场。

一个人想要得到幸福的生活，就必须学会独立，抛弃过去那种依赖心理。即使你是腰缠万贯的公子哥，也不能总依赖着家人。毕竟，钱总有花光的那一天，到了那个时候，你还能依赖谁？只有拥有独立意识，才可以塑造出一个真实的自己，促使自己不断自我完善。总是依赖他人的人，又有几个能获得长久的成功和幸福呢？所以，唯有独立，才能改变自己的处境，甚至能改变自己的命运。

一只小蜗牛跟着妈妈爬着爬着就觉得累了，于是心生不满，因为它背上的壳实在是太沉重了。于是，就生气地问妈妈："妈妈，为什么我们从生下来就要背负这个又硬又重的壳呢？"

小蜗牛妈妈拍拍小蜗牛的头说："因为我们的身体没有强壮的骨骼支

撑，而又无法爬得很快，所以我们需要这个壳来保护自己啊！"

小蜗牛反驳道："毛虫姐姐没有骨头，也爬不快，可它怎么就不用背这个壳呢？"

妈妈说："因为毛虫姐姐能变成蝴蝶，天空会保护它啊。"

小蜗牛觉得妈妈说的话有道理，但它想了想，又不甘心地问："可是，蚯蚓弟弟也没有骨头，爬得很慢，也不会变蝴蝶，它为什么不背这个壳呢？"

妈妈说："因为蚯蚓弟弟会钻土，大地会保护它啊！"

小蜗牛听到这儿，伤心地哭了："我们好可怜，天空不保护我们，大地也不保护我们。"

蜗牛妈妈笑着对小蜗牛说："所以我们才要背这个壳啊。我们不靠天、不靠地，我们靠自己。"

人如果过分依赖别人，大脑的支配权就会逐渐消失，从而做事缺乏信心、优柔寡断，总希望别人来为自己作决定，这样到头来只会自食其恶果。所以，我们一定要克服这些不良的习惯，摆脱依赖心理的束缚。遇到事情时，首先要自我分析，提高自己的动手能力，不要总期盼别人的选择和判断，要加强自主性和创造性。只有相信自己、勇于行动，最终才能完成看起来比较艰难的事。

过分地依赖他人，只会让我们不谙世事，然而却没有谁愿意与一个不懂世事的人为伍。当我们踏入人生的轨迹，离开父母、朋友的庇护，这时就需要我们常常在困境中检讨自己的过失。只有这样，我们才能很快地学会独立；也只有这样，我们的人生才最有价值。

雨果曾说："我宁愿靠自己的力量打开我的前途，也不愿祈求有力者的帮助。"做人就要不断地让自己成熟起来，只有摆脱依赖的心理、拥有独立做事的心境，困难就一定能被自己的坚定所攻破。

– 6 –
每一次反省，都是一次成长

人只要有所追求，就难免遇到挫折。当我们遇到挫折时，要认真地思考，然后做出相应的调整。轻易放弃或左右飘忽不定，只会给平缓的道路平添曲折。

每个人在前进的道路上不可避免地会遇到各种各样的挫折，如果你不甘平庸，渴望成功，就要在前进的过程中牢记住这样一句话：及时反省自己、端正心态，这样你就可以将挫折磨砺成钻石，如此才能在成功的道路上越走越远。

一个年轻人告别朋友和亲人，踏上了寻找成功的旅途。他跋山涉水，历尽千辛万苦，身上的衣衫被路上的荆棘划破了，脚板也磨出了水泡，但他依然向着成功的方向前进。当他穿过一片森林，走到河边的时候，一个叫"挫折"的人挡住了他的去路并笑着说："只要你想寻找成功，就必须从我这里经过、必须经历挫折。"

"不行。"青年人说，"我要的是成功，我不需要挫折。"于是，他就绕道而行。他又翻了几座山，蹚过了无数条河，却始终没有找到成功，渐渐地便灰心丧气起来。

有一天，他在行路的过程中遇到一位智者，便问道："你知道成功在哪里吗？"智者沉思了一会儿，说："就在你先前在河流边遇到的那位叫'挫折'的人的前方。当时如果你能够穿越它，现在就已经找到了成功。谁知你却绕道而行，现在你离通向成功的道路反而越来越远了。"

人生并没有什么弯路，通往成功的每一步都是必须要走的。须知，所谓的失败或挫折根本不可怕，因为它们能教我们如何寻求到宝贵的经验与教训，而它们正是我们通向成功所做的必要投资。因此，在前进的过程中，如果我们遇到了挫折，千万不要哀怨、痛苦，不要让自己沉浸在悲伤之中，只有懂得及时进行自我反省，然后正视挫折并接受它，最终才能远离它。

一只小美洲豹离开了妈妈的怀抱，独自出来觅食。可对于没有捕食经验的它来说，现实非常残酷。刚开始，它只靠自己的本能试图抓住猎物，可结果总是无功而返。饥肠辘辘的它不想空手而归，于是它强打起精神来，继续搜寻猎物。

它穿过一片草地，远远地发现正在吃草的貘，就想去抓。但是因为没有及时隐蔽，眼睁睁地看着对方跑掉了。后来，它又在茂密的草丛中看到在河边喝水的小鹿，可还没等它扑过去，就被小鹿发现了，又一次让猎物逃掉了。

在这个过程中，小美洲豹耗费了不少的体力，还受了伤，但这些都没有挫伤它的志气，它反而觉得自己学到了不少东西，觉得自己已经懂得了如何有计划地捕捉猎物，并且相信自己一定能够成功捕捉到猎物。

有一次，它又遇到了一只野猪，它完全汲取了之前的教训，不再急躁，而是沉住气，埋伏起来堵住猎物的退路……通过在挫折中汲取的经验，这只小美洲豹终于做出了周密的思考和计划，这一次它成功地捕获了猎物。

经历了无数次的挫折后，小美洲豹终于学会了捕捉猎物。而这正是挫折教给它的捕食经验。在生活中也是如此，如果我们要想成功，也要时刻能以一种坦然的心态去面对挫折，将之看成通向成功的入场券。挫折来到时，不要悲观消沉，而应直面挫折并学会自省，从中汲取经验教训，把它们转化成我们走向成功的"钻石"。明白了这个道理，挫折与成功对你都无比重要。

若将人生比喻成一座大山，挫折就是人在攀登大山中难以把握、难以预期的崎岖山径。只有经得起考验，受得了挫折的磨砺，挣得脱挫折的梦魇，勇于征服攀登中的所有困难，才能取得最后的成功。所以，我们不要将挫折看成自己人生路上的绊脚石，而是要将其看作是点燃我们内心信念的火种，这样才能取得最终的成功。

这正如孩子蹒跚学步时，若想走平走稳，就必须经历摔跤。但这并没有什么，通过这些挫折的经验，下次再走再跑时，就会不再容易受伤了。

第十一章
我们都是自己的幸运儿

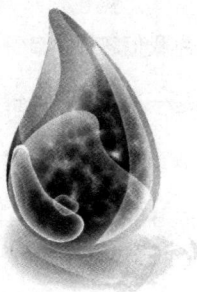

世上没有垃圾，只有放错了地方的财富。很多时候，我们觉得自己一无所有是因为我们忽视了自身所拥有的，从而不懂得珍惜它们。其实，每个人都是一座宝藏，关键在于你如何去挖掘。挖掘出自身的优势，将自己摆放在正确的位置上，那么，你就会发现，原来你的生命也充满了无尽的财富，你的人生也会与众不同。

– 1 –
你并非一无所有，只是尚未发现

把握好现在、珍惜已拥有的，你就是富人。只有平淡地看待得失，只有"得之不喜，失之不忧"，才能成为真正的富人。而那些什么都想拥有的人，往往什么也得不到，甚至还会连自己已经拥有的也失去。

罗马哲学家塞尼加说："如果你一直觉得不满，那么即便你拥有了整个世界，也会觉得伤心。"世界充满了无穷的物欲，而人生却是有限的。因此，人们常常不满足于自己所拥有的，为得不到的而伤心、烦恼。

其实，这个世界上没有垃圾，只有放错了地方的财富，关键看你懂不懂得珍惜。只要你珍惜自己所拥有的，就算再小的东西也可以让你变成富有的人。为此，我们要看淡得失，珍惜自身所拥有的，不苛求得不到的。要知道，什么都想要的人，往往什么也得不到，就连自己已经拥有的也会失去。唯有平淡对待自己生活的人，才能在意外中得到惊喜。

《伊索寓言》中，有这样一则故事。

一次，孙子和祖父到林中捕野鸡，祖父教孙子学用一种捕猎的机器。这个机器就像一只大箱子，用木棍支起来，木棍上系着的绳子连接到隐蔽的灌木丛中。然后，在路上撒上玉米粒，以便把野鸡诱到箱子中。

孙子把箱子支好以后，就藏了起来。不一会儿，就有一群野鸡飞了过来，共有9只。大概是太饿了，有6只野鸡纷纷走进了箱子里。孙子正要拉绳子，可是他看着另外的3只，觉得还是等等吧，说不定那3只一会儿也会进来的。可是，过了一会儿，外面的3只非但没有进去，里面的3只反而从出来了。

孙子后悔极了，他想，哪怕再有1只走进去就拉绳子。不料，又有2只走了出来，如果这时拉绳还能套住1只。但是孙子想着之前进去的那6只野鸡很是不甘心，他总想这些野鸡还会回去的，所以迟迟没有拉绳，结果连最后一只也走了出来。

贪婪会使你的欲望变得永无止境，人们往往在这种无止境的欲望中永远得不到满足，反而还会使他们失去所拥有的。而如果你能把握住自己所拥有的，财富就会越来越多。

生活中，对于常见的东西，我们往往会当作垃圾，将之弃之。之后，又会再去追求那些虚无缥缈的事物，这样只能让自己生活在痛苦和烦恼之中。殊不知，东西本身并非没有价值，而在于拥有以后抱以怎样的心境待之。

有一个年轻人，每天都在抱怨上帝对自己不公。他不明白，世界上有那么多富人，为何自己就发不了财，并且总认为自己是世界上最贫穷的人，所以终日闷闷不乐，活得极不快乐。

后来，他不远千里去问智者自己为什么不能成为富有的人。他问智者："你是最有智慧的人，一定知道很多赚钱的方法与技巧，那你能告诉我如何才能够做成一笔大买卖呢？"年轻人的态度极为诚恳、虔诚。

看到年轻人这个样子，智者叹了口气说："真是可惜呀！你拥有那么多财富，拥有那么多终日享用不尽的东西，却不远千里来问我这样的问题。

你想要得到这种终生享用不尽的东西吗？"

"这种终生享用不尽的东西是什么？它在哪儿呀？"这个年轻人便急迫地问道。

智者很严肃地回答道："就在你身上呀。"年轻人还是十分不解地说："我哪有什么终生享用不尽的东西？我没有存款，没有任何值钱的家当……"

智者说："假如现在我斩掉你一根脚指头，给你 1 万元，你干不干？"

"坚决不干。"年轻人急忙摇着头，并明确地答道。

"那么，假如斩掉你一只手，给你 10 万元，你干不干？"智者又问。

"不干。"年轻人又明确地答道。

"那我用 100 万元换取你的一双明亮的眼睛，让你马上变成一个 70 岁的老头儿，你会同意吗？"智者继续问。

"不，我绝不同意。"年轻人又答。

"给你 1000 万元，你把你的生命给我，你干不干？"智者说。

"当然不干了！"年轻人答道。

智者听罢笑了笑，语重心长地对他说："这就对了，你怀中已经揣着 1000 万元的财富了，为什么还哀叹自己贫穷呢？既然你有一双手，就可以劳动；你有一双眼睛，可以学习；你有生命，可以为自己创造一生受用不尽的财富。这些都是多么丰富的财富呀！你却不懂得珍惜。"

智者的话使年轻人醍醐灌顶，一语将他从梦中惊醒。他谢过智者后，昂首阔步向外走了出去，俨然自己已成为了一位大富翁，因为他知道自己已经拥有了改变命运的本钱。

其实，有些人如这个年轻人一样，拥有的财富很多，只是不懂得珍惜罢了。为此，从现在开始，我们不要再哀叹自己是个贫穷的人、哀叹自己没有更多的金钱，不要哀叹自己能力不足，不要哀叹自己相貌不佳，不要哀叹自己精神贫乏。要知道，我们之所以不快乐，整日怨天尤人，就是不懂得珍惜自己所拥有的财富。明白了这些，你就会发现，原来自己也是个富有的人。

要知道，很多人抱怨上天的不公，殊不知，自己浪费掉的正是很多人所追求的。其实人生的价值往往就在于怎样利用好自己的所有，把每一天过得充实。父母给了我们生命，又把我们养大，就是要我们用自己的双手去实现自我、创造生活。每个人都握着改变自身命运的自主权，如果明白了这个道理就不会走上歧路，也更能够体会到自身的价值。所以，我们不必再抱怨自己因为没有金钱就一无所有，其实，每个人都是一座宝藏，关键在于你如何去挖掘。

因为有手有脚，我们有能力去改变自己的命运；因为年轻，我们有足够的时间去达成自己的目标；因为空闲，我们有支配自己时间的自由；因为年长，我们又有经验和智慧去创造财富。要记住，这个世界上永远没有垃圾，只有放错了地方的财富，只要懂得珍惜自己所拥有的，那么你将不再是一个贫穷的人。

−2−
做个发现自己优势的"幸运儿"

上帝让我们来到这个世上，就已经给每个人都安排了一个合适的位置，有的人成功得快些，是因为认准了自己的优势、找准了自己的位置。请记住，能认识到自己优势的人都是"幸运儿"。

事实上，这个世界上并没有任何一个人是绝对完美的。上帝在造人时，对每个人都是公平的。上帝在赋予你相对较高的智商时，或许也同时赋予了你相对较低的情商；上帝在赋予了另一个人相对美丽的外表时，或许也同时赋予了其相对贫乏的语言表达能力。

当然，或许有人会问："既然每个人都有优势，为什么我还是不成功呢？"原因就是大部分人不知道自己的真正优势是什么，更没有去寻找适合的岗位、持续地发挥自己的这些优势。

大部分人在找工作时，要么是找与自己所学的专业对口的工作，或换一个与之前的工作相同的工作，从来不考虑自身的优势是什么，这很不利于其自身的发展。如果说成功真的存在所谓的"捷径"，那么认识到自己的优势并朝着这方面努力，就是成功的捷径。

歌德曾经说过："每个人都有与生俱来的天分，当这些天分得到充分发挥时，自然能够为他带来极致的快乐。"职场之中，如果你也希望不断体验到这份快乐,那么就要从自己的长处入手,抓住机会充分发挥这份优势。

如果你丢开自己的优势和才能,在不擅长的领域寻求发展,你很快就会发现,自己就像在泥潭里挣扎一样,无论从事什么职业都难逃失败的命运。也就是说,你撇开了自己最擅长的工作,无异于抛弃了你最突出的竞争优势,等于扬短避长。在你不擅长的工作岗位上,即使你费了九牛二虎的力气,克服了自己的诸多弱点,至多也不过能达到一个业余专家的水平而已。

因此,你要想在生活中取得成功,就要选择自己最擅长的工作,不然,你表面上看起来在向成功积极迈进,实际上却是南辕北辙。

要想做最擅长的事,你必须认清自己真正的才能和限度,也就是说,你具备的才能最适宜干什么领域内的工作,在这个领域内你所能达到成功的限度是什么。首先你一定要知己,既不要轻视自己,也不要高看自己,给自己作一番中肯的评价。

如果你对自我评价有点不自信的话,可以咨询专家、亲人或者朋友。当然,最重要的还是听从于心灵的需要,因为你对某项工作表现出来的热情以及由此挖掘出的潜力,没有人比你自己更清楚。

另外,要知道的是,要找到自己的专长,**就要相信自己不是上帝的“败笔”**,相信自己身上一定有优势。每个人的出身虽然不同,但每个人都有自己专长的领域以及脱颖而出的能力。而一些人之所以始终无法获取成功,关键是因为他们不知道自己的特长在哪儿,长期使它处于闲置状态。而那些强者很懂得发挥自己的特长,最终使自己的人生走向了辉煌,最终绽放出最亮丽的光芒。

找到自己的优点和长处是你战胜别人的优势,也只有发挥自己的优点,才会体现出你的优势所在,让你变得所向披靡,如此,无论发生什么或将要发生什么,你都不会失去自己作为人的价值,也没有什么人能把它拿走。

我们每个人都有极大的价值,但真正认识到这一点的人却不多。我们认为自己的价值有多大，我们就会得到多少。

一个认为自己毫无价值、不相信自己的人不能够获得成功。我们每个人都是无价之宝，没有发现这一宝藏的人将永远在贫困线上挣扎。所以，从现在开始，我们要相信自己身上具有他人没有的优势，勇于去发掘并发挥它，最终使自己更早地迈向成功。

-3-
在合适的位置上，才能创造出最大的价值

世上没有绝对的人才，那些所谓的人才只是找准了适合自己的位置。同样地，世界上也没有庸才，只是他们没有找准适合自己的位置。要想使自己在正确的位置上最大限度地发挥才能，就要先给自己准确"定位"。

认识到自身的优势之后，就要给自己准确地"定位"，也就是找到适合自己的位置。要知道，在工作中，一个人只有在适合自己的职位上才能激发出自己的工作积极性，才能更大地发挥出自己的才能和潜力，才能更有成就感，才能做出更好的成绩来。如果处于不适合自己的岗位上，不仅做不出成绩，还会对工作产生厌倦，更别说有什么成就了。

在一座庙里，有个小和尚的任务就是撞钟，半年下来，他觉得十分无聊，只是抱着"做一天和尚撞一天钟"的心态去做。

有一天，住持宣布让他去学武。于是，小和尚就跟着去学武，最后他成为寺院中武功最高的和尚。

后来，小和尚就问住持："我当初敲钟敲得很好，为什么让我去练武呢？"

住持笑着回答："你撞钟虽然很准时、很响亮，但是钟声空泛、疲软，没有感召力，这是因为你不能沉下心造成的。后来，我见你对练武感兴趣，而你的性格也适合练武，于是我就让你做你适合的事情了。"

一个什么样的人，就应该处于什么样的位置，这样才能更快地走向成功。在工作中，如果不能准确地给自己定位，那么，就会使你面临重重的压力，甚至会面临被淘汰的境地。

那么，在具体的工作中，如何准确地给自己定位呢？那就要知道"我是谁"、我的特长是什么、我最适合什么样的工作或位置。把这些都弄明白之后再去找适合自己的位置，才能起到事半功倍的效果。

雅莉在上海一家知名企业做市场调研员，工作一年多了，她面临着被解雇的困境，因为她不能顺利地完成每天的工作任务，理由是她不能胜任自己的工作。雅莉很不明白，自己以前在学校是一名多么优秀的学生，为什么连市场统计这样的工作都做不好。

原来，雅莉从某知名大学毕业后就以优异的成绩被聘到了这家工作单位，根据她的所学所长，她被分配到公司市场调查部门。她在学校所学的专业是英语，对市场调查并不太擅长。但是，她认为只要听从公司的安排，只要自己努力，一定能做好这份工作。

凭借着她的优异成绩，她做事踏实、勤快的性格，刚到公司没多久，就受到了领导的器重。实习期过后就将她分配到办公室做市场调研统计员，也算得上是一个小领导。刚入公司就能升职，激发了她的工作热情和信心，她十分负责任，便下定决心想把工作做到最好。她对待工作的态度是积极的，但是由于她缺乏必要的工作经验，想把工作做好却不是那么容易的。一个统计报告，为了做到尽善尽美，她总要花费大量的时间，其他有难度的工作更是让她焦头烂额。就这样，她的工作任务越积越多，每天即便加班到很晚也完成不了。这让她十分心烦，心理压力极大。

后来，雅莉仔细分析了工作不能按时完成的原因，觉得主要是因为自己不善于做数字统计造成的。她从小就讨厌数字，不适合做与数字统计有关的工作。她擅长的是市场策划，在学校还得过奖。之后，她就将自己的实际情况告诉上司，要求调换工作。见她在原来的岗位上做得也挺辛苦，上司就同意将她调换到营销部门做市场策划方面的工作。

在市场策划岗位上，雅莉充分发挥了自己的才能，对工作产生了极大的热情与积极的动力，再也感觉不到有什么压力了。一年后，她就以突出的表现被提升为部门经理。

一个人要想获得成功，要想实现人生价值，成为生活和工作中别人愿意重用的人，就应该首先在心目中确立自己最适合的位置。同时，还要按照自己的性格特征、特长努力去行动、去努力，那么他总有一天会成功。

所以，要想让自己尽快地迈向成功，想让自己在工作中游刃有余，就赶快给自己正确定位吧。改变以往的自我认定的形象，树立正面的、积极的自我认识，然后找准最适合自己的位置。

－ 4 －
劳而无功，可能是你选错了方向

在任何时候，选择正确的方向都比努力重要。在奋斗的过程中，如果发现自己的目标不符合实际，就要勇于回头，否则，你就可能永远无法取得成功。

一直以来，人们都认定一个道理：天道酬勤。此话有一定的道理，但是有时候，这句话却并不适用。比如你在选目标的时候，方向错了，无论你如何努力，都不可能获得成功。也就是说，在通往成功的道路上，方向是最为重要的。

荷马史诗《奥德赛》中的一句至理名言说："没有比漫无目的地徘徊更令人无法忍受的了。"正确的方向可以让我们少走弯路、快出成果，早日走上成功之路。错误的方向只能让我们离目标越来越远，方向错了，即便加快速度也会错上加错。不管什么时候，方向比努力更重要。

不论是学习还是工作，很多的失败教训都告诉我们，是选择坚持下去还是放弃只取决于一点：我们的目标在哪里、我们目前是否正在向它前进。这样不仅节省了时间，同时也有成效，从而避免了忙忙碌碌而又毫无作为的行为。

人生是否能做出成就，很大程度上取决于最初的选择，做对了选择就等于在起点上赢了别人。大多数人匆匆赶路并形成了惯性，就一直那样坚持着走下去，结果去了一些根本不值得去的地方，做了一些根本不值得做的事情。那些做事效率高的人，往往都善于把握正确的方向。

美籍华裔作曲家谭盾是个优秀的音乐家。1999年，他因歌剧《马可波罗》获得格莱美作曲大奖。此后不久的2001年，他又凭借为电影《卧虎藏龙》作曲而一举夺得了奥斯卡金像奖"最佳原创配乐奖"；2008年，他还为北京奥运会创作了一首《拥抱爱的梦想》。他的成功绝非偶然，而是因为他所作的正确的决策为自己创造了成功的先机。他有着明确的人生方向和职业目标，这也让他的人生从平庸到不凡少走了很多弯路。

年轻时的谭盾很喜欢拉琴，但他刚到美国的时候，为了生存只能依靠在街头拉小提琴赚钱来养活自己。在街头拉琴与摆地摊做生意一样，必须占得一个好的地盘才能够赚到钱，地段差的地方显然是没什么生意的。幸运的是，谭盾与一位黑人琴手联合，一起争到了一个可以赚钱的好地盘，那就是银行的门口，那里每天都人潮汹涌……一段时间之后，谭盾赚了不少的钱，他和黑人朋友告了别，选择到音乐学府进修，他将自己的全部时间和精力都投入到提升自己的音乐素养与琴艺当中。在学校里，他无法像在街头拉琴时那样赚很多钱，可他的眼光更长远，因为他有更远大的目标和未来。

10年之后，谭盾无意中路过自己曾经"演出"的那家银行的门口，他发现昔日的黑人朋友仍旧在那里拉琴赚钱，而他的表情也如当年一样，满足而陶醉。黑人琴手看到突然出现在眼前的谭盾，异常兴奋地停了下来，拉着他的手问："朋友，你还好吗？好几年不见，现在你在哪里拉琴？"

谭盾向黑人琴手说出了一个知名音乐厅的名字，黑人琴手反问道："在那家音乐厅的门口也很好赚钱吗？"

谭盾淡淡地说："还好了，生意不错……"

那个黑人琴手不知道，10 年后的谭盾早已不是当初那个街头卖艺的路边琴手了，他已经成了一位知名的音乐家。与谭盾一样，那个黑人琴手也一直在坚持很努力地拉琴，只是他把所有的努力都付诸在保卫自己那块赚钱的地盘上。而谭盾选择了进一步深造，朝着自己理想中的方向努力。正是不同的选择直接导致了他们截然不同的两种命运。谭盾用他自己的事迹告诉世人，勤勉和努力固不可少，但方向比努力更重要。

罗曼·罗兰曾说，一只鸟能选择一棵树，而树不能选择过往的鸟。一棵树被鸟选择是必然的，而哪一棵树会被选择则是偶然的。理想就像一棵树，它不会选择人，只能由人来选择前进的方向。

也许并不是任何时候都有供我们选择的诸多机会，甚至在刚刚起步时，我们都不能完全自主地作出决定。但是，只要把握了有效的选择权，摒弃一味坚持的惯性思维，就一定可以把自己的人生路径逐渐导向一个正确的方向。唯有此，我们的选择余地才会越来越大，发展道路才会越走越宽，最终实现自己心中的梦想。

第十二章
在我们的眼中，事物都有两面性

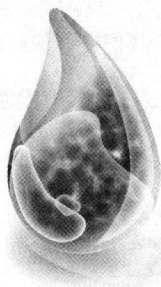

　　任何事物都有两面性，失意中隐藏着幸运，得意中也往往隐藏着灾祸。因此，人生在得意的时候并不是幸福，而在失意的时候并不意味着是倒霉。所以，我们在任何时候都要镇定自若、从容面对，得意时不要忘形、不要狂妄自大，否则你的得意之时将会变成你的失败之日。同时，失意时也不要自卑，要相信自己的实力，自信地面对困难和厄运，如此才能够再创辉煌。只有做到失意、得意都不忘形，才能体味到人生的真滋味。

– 1 –
看到事物的两面

很多时候，人生在得意时候并不是幸福，而在失意的时候并不意味着是倒霉。凡事都有两面性，我们要以一颗平常心面对一切，那么，你就能获得无比的平静和快乐。

人生在得意的时候，虽然不一定是幸福，也不一定就是不幸，有时失意也不一定是不幸。其实，他是在告诉我们：得到了不一定是幸运，而失去了并不一定是一种不幸。

有这样一个故事。

在古代，有个国王，他一共有7个美丽的女儿。这7位公主都是国王的掌上明珠。她们都有一头乌黑美丽的长发，所以，国王就送给她们每个人10个一模一样的漂亮的发卡。

有一天早上，大公主醒来后，一如既往地用发卡整理她的秀发，却发现发卡丢了一个，她四处寻找也没有找到。于是，她就偷偷地跑到二公主的房间里拿走了一个发夹。

二公主起床后也随即发现自己的发卡少了一只，也是因为没找到，便跑到三公主的房间中拿走了一个发卡；同样地，三公主发现自己少了一个发卡，也偷偷地将四公主的一个发卡拿走，四公主则拿走了五公主的发卡，五公主也如法炮制地拿走了六公主的发卡，六公主则只好拿走了七公主的一个发卡。就这样，七公主的 10 个发卡便只剩下了 9 个。

事隔一天，邻国的一位十分英俊的王子忽然来拜见国王，在闲聊中对国王说："我养的白鹇鸟昨天叼回了一个十分美丽的发卡，我看了一下，心想这只发卡一定是宫中哪位公主的，而这兴许是一个极为奇妙的缘分，却不知道是哪位公主掉了的发卡？"

国王看到发卡，确定了是公主们的，便将 7 个公主叫来。7 个公主听到了这件事，都在心里想：这是我掉的就好了。但是自己的头上明明别着完整的 10 个发卡，所以内心都极为懊恼自己的做法，但又不能说出来。只有七公主走出来说："我掉了一只发卡，这两天都找遍了，但是却没有将它找出来。"

话刚说完，七公主因为少了一只发卡，漂亮的长发都散落了下来。王子不由得看呆了，就决定娶七公主，两人从此过上了幸福、快乐的日子。

七公主正是"失去"了一个发卡，才得到了王子的宠爱、幸福的生活；其余的几个公主得到了美丽的发卡，却失去了更为珍贵的东西——幸福。由此可见，失去就意味着获得。

上帝在对你关上一扇门的同时，还为你打开了另一扇窗。失去了物质的享受，就获得了内心的平静；失去了名利，就获得了自由；失去了权力，就获得了安逸和自在；失去了英俊靓丽的容貌，可以使生命变得更加坚韧……而有时候，你遇到的得意的事情并不意味着是福分。

张荣是一个都市白领，有着高学历和高收入，人长得十分漂亮，身材也很好。每天上班她都会以不同风格的打扮出现，时髦得体的她，赢得了周围所有同事的称赞。在一片赞扬声中，她的虚荣心越发膨胀起来，为了更引人注目，为了讲求品位，她不惜花大笔的钱去购买名贵、时尚的珠宝、名牌服装、高档箱包……她的收入毕竟有限，对时尚物质追求的强烈欲望已经让她负债累累。

有一次在与朋友聊天的过程中，张荣说自己其实活得很累，别人看到的只是她的一个光鲜亮丽的外表，但是她的内心已经疲惫不堪。她也反省过，超负荷地购买名牌物品似乎没让她真正开心过，她也想快乐起来，但是，这种欲望却让她欲罢不能。

由于内心的负担过重，原本漂亮的张荣也变得憔悴了许多，对生活失去了乐趣，对工作也丧失了兴趣，时常唉声叹气，人也变得悲观厌世……

收入颇高、外表靓丽的张荣看似拥有很多，但实际上她并没有感觉到幸福、轻松、快乐。看似"得到"，实则是失去。所以，对生活中的得失，我们要以一颗平常心去对待，凡事都要看得淡一点，学会知足常乐，这样会让自己生活得轻松愉快。如果过于贪心，总想得到很多又无法面对失去，那终究会成为一种生活的累赘，让你疲惫不堪而逐渐失去人生的乐趣。

因此，我们应该选择平静淡泊，好好珍惜自己所拥有的，正确面对已经失去的，给自己一份快乐的好心情、好生活。

– 2 –
才大不可气粗，居功而不自傲

不可一世的人，在任何时候都会落得一个十分可悲的下场，所以，才大不可气粗、居功而不自傲，才是做人的根本，也是保全自身的最好方法。

世间任何事物都并非是孤立存在的，都是相互关联着的。而有些人却往往忽视了这一点，当他们爬到一定的高位时，就开始居功自傲、颐指气使、盛气凌人，觉得自己天下第一，没有谁能超越，不把所有人放在眼里，最终只能落得十分可悲的下场。

年羹尧是雍正时期十分有才能的官员，雍正皇帝刚刚登基就对他大加赏识和重用。当时，他一直在西北前线为朝廷效力，因为平定西藏时运粮以及守隘之功被封为三等公，世袭罔替，加太保衔；后来又因为平定了郭罗克而被晋升为二等公。随后，又因为各种功劳而被晋升为一等公，对他大加恩宠。

清雍正二年（1724），年羹尧入朝进觐，皇帝又御赐双眼孔雀翎、四团龙补服，还有黄带、紫辔以及大量的金币，他的恩宠达到了无以复加的地步。与此同时，不仅他自己受恩，而且其家中的仆人以及各种亲戚都受到了很大的恩宠，很多都被保举做了大官。

对于此等荣耀，年羹尧却不知收敛，反而更加得意忘形、更加骄横，同时还霸占了贝勒七信之女，斩杀提督和朝中的参将等多人，甚至蒙古王公见到他都要下跪行大礼，为此，他已成为朝中的众矢之的，朝中的许多大臣都对其十分痛恨和不满，弹劾他的奏章多如鹅毛。

朝中的内阁、詹翰、九卿等都合力揭发年羹尧的罪行，雍正皇帝知晓实情后对其很是不满，就传他到京城审讯，最终被定罪。年羹尧共犯下如下几大罪责：5 条大逆之罪、9 条欺罔之罪、16 条僭越之罪、13 条狂悖之罪、15 条专擅之罪、6 条忌刻之罪、4 条残忍之罪，等等共 92 条。

年羹尧接旨后就自杀了，此案涉及了他的家人亲属以及友人，其父兄都被罢官，其子孙都被贬戍边，凡是在朝中做官的家族中人都一一被查处。

年羹尧之所以落得十分可悲的下场就是因为他不懂得收敛自己、居功自傲，不懂得越是身居高位越要保持低调的处世原则。

其实，在生活中，无论我们有多大的才能，获得多大的荣耀都不要过分地张扬，要适当地收敛锋芒。不要独享荣耀，不要威胁到别人的地位和利益，更不要侵占他人的生存空间。否则，总有一天你会自讨苦吃、自食恶果。

古训有云："满招损，谦受益。"古人云："大巧若拙，大辩若讷；大勇若怯，大智若愚"、"百尺竿头，更进一步"，并视之为美德。这些千年古训告诉我们：谦逊低调是做人的一种本分，不刻意显示自己既是一种人生境界，也是处世和人格魅力。谦逊能让一个人从平凡走向辉煌，而狂妄自大往往会让一个人从事业的巅峰跌落到低谷。

其实，宇宙之大、宇宙之繁，一人之功、一己之才又算得了什么呢？更何况，很多时候，一些人的"功"和"才"大都是踩着他人的肩头才换取的。所以，居功切莫自傲，才大也不可气粗，这是做人的根本。

相比年羹尧，东汉名将冯异是一个才能出众而且还能时刻保持低调处世的人，他高洁的品质以及低调的做人风格在中国历史上已传为佳话，至今仍值得我们学习。

　　冯异是汉光武帝刘秀中兴时的杰出统帅，他驰骋沙场几十年，曾为东汉立下了赫赫战功，但是每次取得胜利之后，当皇帝论功行赏时，他总是会避功，将封赏都极力让给部下，常常独自坐在大树下面读书思过，因而军中称他为"大树将军"。虽然他有帅才，却从不在他人面前骄傲，虽然战功赫赫，仍然能够低调地为人处世。

　　更始元年，大司马刘秀率领王霸、冯异等将领历经艰险，攻克了邯郸，擒斩王郎，平息了叛乱。在邯郸之战中，冯异曾经千方百计地克服种种困难，连夜为夜宿河北晓阳地区的大军筹措粮草、熬煮稀豆粥，解除战士的饥寒，使其恢复战斗力。刘秀率军行至南宫时，正逢滂沱大雨，寒气逼人，冯异四处奔波，取薪燃火，为所有的将士取暖烘衣，并送上热气腾腾的饭菜，使官兵们衣干腹饱，重新上战场。最终，刘秀大胜，他称赞冯异"功勋难估，当为头功"。但是正在刘秀召集将领盘坐在旷野论功行赏之时，冯异却独自离开了，一个人默默地坐在一棵老槐树下聚精会神地读《孙子兵法》。

　　于是，侍卫就将他连拖带拉地拽到刘秀面前，当刘秀给他封赏时，他又一再推让，最终实在推脱不掉，便把此功让给属下的一名偏将，让这位偏将大受感动。刘秀见到冯异如此淡泊名利，又赏给他许多金银，冯异又将其分发给那些在战场上表现勇猛的将士。

　　正因为他的低调，将功劳都让给部属，让他调动起部下来得心应手，部卒们都十分愿意为他效力，这让刘秀对他大为称赞与欣赏，将他的官职一升再升。

泰戈尔曾说："一个人就好比是一个分数，他的实际才能好比分子，而他对自己的估价好比分母，分母愈大则分数值就愈小。"这就告诉我们：一个人的才能再高深，如果一味傲慢自大，就会被人永久地轻视；一个人能力虽小，却懂得低调待人处世，反而受人尊重和亲近。冯异正是因为懂得此理，才受到了刘秀的大加赏识和部下的尊重、爱戴。

所以，无论我们自身再有才能、再有功劳，都不要自以为是，不要自傲，不要认为自己是群体之中最杰出的人物，否则你会永远活在自我意识的世界里，因为别人都会拒绝和你在一起，最终也会落得十分可悲的下场。做一个踏实低调的人，才能在良好的人际关系中发挥自身各方面的能力，生活才能更加顺畅。

– 3 –
得意时也许蕴藏祸端，需冷静

有个成语叫"乐极生悲"，就是说，人在大喜的时候，其背后往往可能隐藏着悲伤或不幸。所以，无论在怎样的顺境下我们都要保持淡泊的心态，尽力做到宠辱不惊，如此才能让自己一直"幸运"下去。

在生活中，每当我们遇到得意的事情，总会不自觉地得意起来，好像自己有多了不起。殊不知，在这背后就隐藏着失败和不幸。因为人在得意的时候最容易迷失本性、乐而忘形，而这正是滋生不幸与危险的温床，最终会让你从巅峰跌入谷底。

有这样一个故事。

一只猴子总觉得自己是个天才，不仅四肢灵活而且头脑聪明。

有一天，它见到一个卖艺的人，便自傲地与艺人打赌：谁先从东山走到对面的西山、谁先吃到西山上的果子就算谁赢。猴子心想自己一定会赢，于是又神气地说：输的一方还要终生成为另一方的奴隶。卖艺的人立即答应了猴子提出的条件。

第二天，猴子和卖艺的人同时出发去西山。一路上，猴子都在想，自己拥有这么高超的本领，无论再慢也不会比艺人晚到，于是就不停地向路边的小动物表演自己的绝技，一会儿从这棵树跳到那棵树上，一会儿又在地上不停地来回翻着跟头，让路边的小动物们大为夸赞，羡慕地对猴子说："你真是太伟大了，我们非常崇拜你。你的爬树本领和跳跃技巧真是叫人叹服啊！这次你肯定会赢得比赛的。"听到这样的夸赞，猴子更是快乐得手舞足蹈。

就这样，猴子在路上只顾表演自己的才能，整整过了19天的时间。到了第20天，猴子觉得自己应该赶快赶路了，否则真的该迟到了，于是它就来回地翻跟头，一会儿就翻到了对面的西山上。当它站直身子，突然大惊，原来卖艺人已先到了这里，手里拿着山上的果实正在细细品尝呢。

猴子感到非常沮丧，甚至不相信自己看到的："你既不会爬树，也不会翻跟头，怎么可能比我先到呢？"

卖艺人不急不躁地说："正因为我既不会爬树，也不会翻跟头，所以把你用来卖弄绝技的时间都用来赶路了。"说完，重重地敲了一下手中的铜锣，"从现在开始，你就是我的奴隶了，跟我卖艺去吧。"

猴子失去了自由，是骄傲自满、得意忘形导致的结果。正所谓骄兵必败。道理虽然简单，但人们往往会犯同样的错误。一些人总是盯着自身的某些优势，觉得自己很了不起，最终因为放松了警惕而自食恶果。

人生在世，月亮不会总是圆满的，人也不会永远都是顺利的。所以，我们千万不要因为一两次的称心如意就过于兴奋，要知道，强中自有强中手，不要因为一时的春风得意就给予别人看破你的机会而钻漏洞，让你最终无法还击。

在电影《特洛伊》中，特洛伊王国的毁灭给人们留下了深刻的印象。

特洛伊人与入侵的希腊联军作战，双方互有胜负，后来联军中有人献技，让队伍假装全部撤退，只留下一匹大木马，并在木马的腹内藏入勇士。

特洛伊人通过望远镜观测到远去的舰队，以为联军真的撤退了，却不知道他们的主力部队就埋伏在附近。

于是，特洛伊人沉浸在一片喜悦之中，他们把木马拖入城内，歌舞狂欢、饮酒作乐。就在他们兴奋地进入梦乡时，木马中的勇士纷纷跳出，打开城门，里应外合之际，使特洛伊陷入到了灭亡的灾难之中。

《特洛伊》这部影片赢得了很多人的赞赏，用心去看的人，能汲取这场战争的两点教训：一是在得意时不要高兴太早，否则一定会失意；二是在失败时切莫生气，危机即是转机，失败的后面往往隐藏着生机。

石油大王洛克菲勒说过这样一段话："当我的石油事业蒸蒸日上时，每晚睡觉前，我总是拍拍自己的额头说：'别让自满的意念搅乱了你的脑袋。'我的一生都在进行这种自我教育，它的益处很多，因为经过这样的自省后，我那沾沾自喜、自鸣得意的情绪便可平静下来了。"

– 4 –
失意时也许蕴藏幸运，不忘形

人的一生是精彩的，会经历胜利的喜悦，会经历挫折的失意，然而做人最可贵的就是，失意时不忘形，得意时也不要忘形。

对于那些稍稍得志就忘记了自己应持的态度的浅薄之人，人们会用"得意忘形"来形容他们。但是，在很多时候，很多人在失意的时候也是容易忘形的。有人本来状态很好，当他们发财、得意的时候，将事情都处理得十分妥当，对人也彬彬有礼；但是一旦失意之后，就变得自卑起来，一副讨人厌的模样，自卑感、种种的烦恼都来了，原有的性格也完全变了，这就是失意忘形。

许多人是很难做到"失意不忘形"的，而著名的国学大师南怀瑾却是一个能做到失意而不忘形的人。

南怀瑾早年因各种原因破产了。他的生活一下子就陷入了绝境之中，一家人只能靠典当衣服来维持起码的生活。后来，他就带着家人一起移住到一个菜市场的旁边，那里的环境可以用"脏、乱、差"来形容。他带着妻儿挤住在一间狭小的屋子中，极为寒酸。自此以后，他就开始了长达10年的"煮字疗饥"的生活——这是他对写稿卖钱的戏称。他还说自己"著书多为稻粱"，言下颇有自嘲的意味。

然而，这些都丝毫不影响他的精神状态。南怀瑾每天身居陋室之中，右手执笔疾书，左手抱着自己幼小的孩子。在这样的环境中，他完成了两部著作。他的学生曾经这样描述他这一段的生活状况："一家六口挤在一个小层内，用'家徒四壁'都不足以形容他的贫穷，因为他连'四壁'都没有。然而，与他谈话时，他总是满面春风，不但穷而不愁、潦而不倒，好像这个世界就是他，他就是这个世界，富有极了。"

贫穷落魄而不自惭形秽，不自卑，即可称为"失意不忘形"。能够像南怀瑾这样，做到失意不忘形的人是很少的，因为多数人都有一种攀比心理。一个人在事业、婚姻、家庭关系上都很失意落魄，而周围的朋友、同学都是"春风得意"，这一比，自然就"忘形"了。其实，你看到的只是表面现象，每个人都有自己的"不如意"，而悲观的人总会以自己的不如意与别人的"如意"相比，会觉得自己比别人差，以致每日都郁郁寡欢。实际上大可不必如此，每个人都有痛苦的时候，你之所以痛苦，就是因为不知道有人比你还要不幸。

张梅是个年轻漂亮的姑娘，但是自从丈夫去世之后，她的性格就变得怪异起来，心中时时充满了愤怒，整天在朋友面前抱怨生活的不公。她内心憎恨孤独，孀居3年后，她的表情也变得十分僵硬，几乎看不到一丝笑容。

有一天，张梅在路上走着，忽然看到一幢她以前非常喜欢的房子的周围竖起了一道新的栅栏，那幢房子虽然很旧，但是院子里面却打扫得干干净净，院子里种植着各种花草，显得很是安静。张梅注意到里面有一个系着围裙、身材瘦小、弓腰驼背的女人在拔着杂草、修剪鲜花。张梅不由得停下来，长久地凝视着栅栏里的一切，看到那弱小的女人正要试图开动一台割草机。

"喂，你家的栅栏真是太美丽了！"张梅一边喊着，一边挥动着手。

那个女人也蹒跚着站起身,看着张梅,她微笑着说:"到门廊上坐一会儿吧。"

张梅同女人一同走上后门的台阶,问道:"你一个人在这里生活吗?"

女人打开栅栏门说:"是的,我丈夫前些年去世了,两年后,我儿子也身患白血病去世了。这些年我都是独自一个人生活,经常会有许多人来我这里聊天,他们喜欢看到漂亮的东西。有些人看到这个栅栏后便会向我招手,几个像你这样的人甚至走进来坐在门廊上与我聊天。"

"但是你的生活发生了那么大的变化,难道你内心不痛苦?"张梅问道。

"变化是生活中的一部分内容,也是铸造个性的因素。当时我确实挺痛苦的,但是我想不幸已经发生了,痛苦过之后总要面临选择:要么继续痛苦愤怒,这样做的结果只会让自己越来越痛苦,因为你不停地重复自身的痛苦,重复一次,就会让自己再痛一次,久而久之,伤痛就成为你生活中的一部分了;要么就振奋进步,用微笑与努力将痛苦掩埋,它就再也不会影响到你了;要知道,太阳每天都是新的,它从来不会因为你而改变什么,既然如此,不如选择后一种……"

听到此话,张梅的内心深处有了一种新的感受,感觉到由愤怒筑起来的心灵的坚硬的围墙轰然倒塌了……

悲观的人,总是相信别人比自己快乐,比自己活得更顺心、更洒脱,更能把握自己的人生。但是他们没有想到,别人在生活中也同样会面临各种各样的苦难,正是因为他们不想因此产生自怨自艾的想法而让自己心灵深处的阴云及时得以驱散。

失意时,如果你一味消沉,只会让你的内心变得抑郁起来,痛苦也就成为你生活中的一种习惯。所以,当你遭遇不幸或遇到纠结的事情时,一定要及时地敞开心扉,让阳光驱散心灵深处的阴云,那么黑暗便会与你绝缘,你将永远生活在快乐舒心的氛围之中。

– 5 –
真的"绝不可能"吗

在前进的道路上,无论发生了什么事情或者将要发生什么,请记住一点,永远不要对自己说"绝不可能",否则就算可能也会变得不再可能了。

每个人在前进的过程中,不可避免地会遇到许多不顺心的事情,这时候,千万不要自卑、气馁,认为自己"绝不可能"了,而是要树立自信,努力让事情变为"绝对可能",如此才能迈过难关,最终走向成功。

很多时候,"绝不可能"和"绝对可能"只是愿不愿意做的问题。你有多大的实力,唯有在尝试过之后才能被发现,如果永远害怕失败,那这一生都有可能在"绝不可能"中度过。

人生需要勇于突破,当遇到困难时,多鼓励自己"我行",敢于尝试新的挑战、发现自己的价值,那么,所有你以前认为的"绝对不可能"的事情就会变为"绝对可能",它也会为你的人生翻开崭新的一篇。

在美国的一个促销会上,某公司的一个总经理请与会者都站起来,看看自己的座椅下面有什么东西。结果每个人都发现自己的座椅下面有钱,最少的是一枚硬币,最多的是100美元。

面对满脸狐疑的与会者,总经理淡淡地说:"这些钱虽然在你们的座椅下面，却不归你们，你们知道这是为什么吗？"

现场一片安静，大家都惊讶地把目光投向总经理，等待着答案。"我不过是想告诉你们一个很容易被大家忽视且有时甚至会忘掉的真理：坐着不动是没办法赚到钱的。"

在我们的生活中，时常会有这样的抱怨：上天没为我们安排好的机遇，为什么失败的总是我……其实，在很多时候，我们缺乏的并非是机遇，而是切实的行动。

美国的赫伯考夫曼曾对那些只想不做的人说："你一直告诉别人有一天你会成功，其实你只是在自夸，好让别人看得起你。日子一天天过去，你的理想是否实现了？你向目标迈进了多少呢？时间与机会不断地提供给你，你又抓住了多少呢？事实上，不是你缺少机会，而是你根本不曾行动过。"

假如你是一个身无分文的穷大学生，没钱交学费，能够靠自己的智慧在一年内赚到 100 万美元吗？估计大多数人的回答都是"绝不可能！"然而却有一个人就真的做到了，他就是孙正义。

孙正义是日本软银集团的创始者，一个被誉为"互联网投资皇帝"的人。包括比尔·盖茨，没有一个人的互联网资产能超越他，他投资的雅虎等互联网资产占有全球互联网资产的 7%。

孙正义在 19 岁时就为他的人生制定了 50 年的人生规划，其中一条就是在 40 岁前至少赚到 10 亿美元。当他真的到了 40 多岁时，梦想早就已经成了现实。

孙正义在给自己的人生制定 50 年规划时，还是一个留学美国的穷学生，那时的他还在为父母无法负担他的学费和生活费而发愁。他曾想到快餐店去打工来缓解窘境，但这种想法很快被他否定了，因为与他的梦想相去甚远。

左思右想后，他决定向松下学习，通过创造发明来赚钱。

于是他不断逼着自己想各种点子，在一段时期内，光他设想的各种发明点子就记录了整整 250 页。最后，他选择了其中一种他认为最能产生效益的产品——"多国语言翻译机"。但这时也出现了问题：他不是工程师，根本不懂怎么组装机子，可这并没有难住他，他向很多位小型电脑领域的一流教授请教，向他们讲述自己的构想，寻求他们的帮助。

但大多数教授都不看好他，拒绝帮助他。终于，有一位叫摩萨的教授答应帮助他，并为此成立了一个设计小组。一个难题刚刚得以解决，另一个难题又来了，他手上没有钱，怎么办呢？孙正义想办法征得了教授的同意，与他签订了合同，只要这项技术销售出去后，就会给他付研究费用。

产品研发出来后，他到日本进行推销，最终被夏普公司购买了这项专利，并委托他再开发具有法语、西班牙语等 7 种具备语言翻译功能的翻译机。这笔生意让他整整赚到了 100 万美元。

一切皆有可能。这个世界上，只有我们想不到的，没有做不到的。唯一能影响并束缚我们的只是我们的内心。你悲观的内心可以将一切可能变为不可能，可以让你永远处于自我设限的自卑中。所以，我们要及时把内心敞开，扩大自己的眼界，好好地审视自己，并用行动去证明自己，才能成就不凡的人生。

有位哲人说过："无法改变环境，就要学会适应。"但这句话往往被很多人曲解了，他们那些看似理所当然的适应，不过是苟且偷生而已。自己不思进取，却常抱怨上天的不公。要想改变这种"绝不可能"的状态，就要记住一句话，唯有自助，才能成功。

第十三章
怎样看待自己，就能感受到怎样的眼光

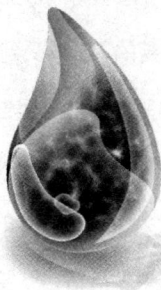

　　一个人在内心怎样看待自己，在外界就能感受到怎样的眼光。一个从容的人，能够感到的多是平和的眼光；一个自卑的人，感受到的多是歧视的眼光；一个和善的人，感受到的多是友好的眼光；一个叛逆的人，感受到的多是挑衅的眼光；一个骄傲的人，感受到的多是不可一世的眼光；一个低调的人，感受到的多是和气的眼光……可以这么说，你有什么样的内心世界，就会引来什么样的外界眼光。所以，你想要从外界感受到更多的友爱、和善和自信，就要以同样的眼光来看待和约束自己。

– 1 –
认真负责的人，会被认真对待

有责任心的人可以将卑微变成伟大，而缺乏责任心的人则会将崇高的工作变得卑下。再辉煌的昨天都已成为往事，只有努力把握好当下的人，才能改变明天。

在很多时候，责任是大于能力的。世界上没有做不好的工作，只有不负责任的人。无论做任何事情，责任承载着你的能力。一个充满责任感的人才有机会充分地展现自己的能力。要知道，别人是以你看待自己的方式看待你，你内心对工作充满了责任感，那么别人就会认为你是一个负责任的人，最终才会把更多的机会给你，而你也才能最大限度地发挥自己的潜能。

1920 年的一天，美国一位 12 岁的小男孩和他的小伙伴们在踢足球，一不小心，小男孩将足球踢向了邻居家的窗户上，结果可想而知。

几个小孩都吓呆了，不一会儿，一位老人从屋里跑了出来，他勃然大怒，问是谁干的。伙伴们纷纷逃跑，只有小男孩走到老人面前低头认错。可老人并没有因此而宽恕他。老人的责骂声让小男孩委屈地哭了，最后，老人还是同意让小男孩回家取钱赔偿。

回到家后，闯了祸的小男孩怯生生地将事情的经过告诉了父亲，父亲并没有因为他年龄小而饶恕他，只是板着脸沉思着，一言不发。坐在一旁的母亲连连为儿子说情。

过了不知多久，父亲才冷冰冰地说："家里虽然有钱，但是祸是你闯的，就应该由你来对自己的过失行为负责任。"

停了一下，父亲还是掏出了钱，严肃地对小男孩说："这15美元我暂时借给你，你快去赔人家，不过，你必须想法还给我。"小男孩从父亲手中接过钱，飞快地跑回去赔给了老人。

从此，小男孩一边刻苦读书，一边用空闲时间来打工挣钱，小小的他无法做繁重的工作，就到家附近的餐馆中帮别人洗盘子刷碗，有时还捡破烂。

经过几个月的努力，他终于挣到了15美元，并自豪地交给了父亲。父亲欣然地拍着他的肩膀说："一个能为自己的过失行为负责的人，将来一定会有出息的。"

小男孩长大了以后，成为美利坚合众国的总统，他就是里根。后来，里根在回忆往事时，深有感触地说："那一次闯祸，使我懂得了做人要有责任心。"

小男孩在面对错误时没有逃避和隐瞒，而是勇于承担，愿意用自己的双手去努力劳动，为自己的过失行为付出代价，最终做出了巨大的成就。

一个人要想得到别人的肯定，首先就要成为一个有责任心的人。用责任心去认真对待每一件事情，你就会在磨砺中成熟起来，受到别人的信赖和尊重，人生的路也会越走越宽广。

如果你还在基层做着无趣的工作，那么打起精神来，把工作当成自己的事情去做，那么，你一定会得到别人的赞赏，机会也一定会垂青于你。

即使是一个普通的职员，用心去做好最简单的工作，不烦不躁、诚心耐心，一切以公司的发展为重，时间久了，领导自然会发现他的能力，他也总能做出成绩来，毕竟是金子总是会发光的。

有责任心的人可以将卑微变成伟大，而缺乏责任心的人则会将崇高的工作变得卑下。不管一个人的昨天多么辉煌，都不应当轻视今天的小事情，因为努力把握好当下的人才能改变明天。

如果你正处于最底层，也许别人会说你的工作谁都能做，但不要轻信他人的话，要相信你自己，要对工作负责。因为不论多高的楼都是由地基盖起的，用心把地基打扎实了，以后才能逐步攀升，否则，没有责任心的人，即便侥幸爬到了最高点，也会因为平时的"偷工减料"而发生坍塌事故。盖楼的人没有将责任装于心中，没有将安全装于心中，楼自然不会重视盖楼者的安全。世间万态，因成因，必成果！工作是这样，做任何事也是这样。

-2-
无论做什么事情，态度决定高度

一位哲人曾说，无论做什么事情，你的态度决定了你的高度。想要占据高位，想要被别人重视，首先要重视自己的态度。只要你有一个积极的态度来支撑，就一定能走到你的理想之地。

美国西点军校有一句名言："态度决定一切。"世界上没有做不好的事情，关键在于你的态度。事情还没有开始做的时候，你就认为不可能做成功，那它当然是不会做成功的，或者在你做的时候不认真，那么事情就一定没有什么好结果。这一切都应该归结为态度，你对事情付出了多少努力，你对待事情的态度是什么，就会出现什么样的结果。或者可以说，你有什么样的态度，就决定了你有什么样的命运。

3个工人一同在建筑工地上砌墙。有一个人走过来问他们："你们在干什么？"

第一个工人很是生气地说："你没看到吗？我正在砌墙呀。"

第二个工人抬头看了对方一眼，说："我正在盖一幢漂亮的楼房。"

第三个工人真诚而又自信地说："我在建一座城市。"

10年之后，第一个工人还在建筑工地上砌墙，第二个人则轻松地坐在办公室中画图纸，他成了建筑工地的工程师，第三个人则成了一家房地产公司的老总，他就是前两个人的老板。

态度决定命运，3个人对工作持有不同的态度，10年后，他们的命运就发生了不同的变化。一个人有什么样的心态，就会有什么样的追求和目标。一个心态积极、乐观的人，其人生目标一定是高远的，而有了高远的目标，他必然会为之而努力，有努力就一定会有回报，这就是第三个人为什么会成为房地产公司老总的原因；第一个工人因为对工作充满了怨气，所以他自然不会觉得砌墙会有什么出息，最终他也不会有所成就。

所以，无论在工作或生活中，我们都要有好的心态，做事情要下定决心，不怕吃苦、不怕劳累，只要认真去做了，总会有所成就的。也许努力不一定会成功，但是，如果你不努力就一定不会成功。事情结果的好坏完全取决于你的态度。只有态度端正了，你对工作、对他人以及对自己都会表现出热情、激情和活力。只有态度端正了，你就不用害怕失败，即便遇到挫折也不会气馁，而是会充满信心地去克服，这样的人一定会在事业与生活中做出好的成就，也会比别人更容易成功。

罗杰是一位著名的推销员，他在担任某公司的销售经理时，一些居心不良的人到处散布他所在公司发生财务危机的谣言。谣言一传出，促使公司内部销售员工的向心力与工作热情大减，最终导致公司的整体业绩开始下滑。

由于情况较为严重，为了挽救局面，罗杰不得不召开大会以稳住人心。会议刚开始时，他首先请业绩最好的几位销售员站起来，要他们说明一下近来公司销售量下滑的原因。这些销售员都一一站起来，不是将原因归咎于经济不景气，就是抱怨公司内部的广告做得不到位，再不就是说近来市

213

场上消费者对产品的需求量不大。

听完他们所列举的种种困难后，罗杰突然站起来要大家肃静，然后接着说："我们的会议暂停10分钟，我现在要把我的皮鞋擦亮一些。"

紧接着，他就将公司附近的一名小鞋匠带到会议室中来，把他的皮鞋擦亮。参加会议的销售人员都不明白他的举动到底是何用意，禁不住窃窃私语。

而那位小鞋匠利索地擦着皮鞋，表现出了最为专业的擦鞋技巧。

等皮鞋完全擦亮后，罗杰递给了小鞋匠1美元，然后开始重新发表他的演说。他对所有的人说："我希望你们每个人好好看看这位小鞋匠，他每天都要擦上百双皮鞋，可以为自己赚取足够的生活费，并且每月还可以存下一些钱。他曾经告诉我，他已经将擦鞋的工作当成了一项艺术来做。同他在一起的还有另一个小男孩，年纪要比他大些。比他大一点的那个男孩每天都很尽力，但是仍然无法赚取足够的生活费。现在，我想问你们一个问题，那个年纪大一点的男孩拉不到生意是谁的错？是他的错，还是顾客的错呢？"

"当然是那个孩子的错。"大家异口同声地说道。

"回答正确！"罗杰说，"现在我要告诉你们，这个时候与一年前的情况是完全相同的，同样的地区、同样的对象以及同样的商业条件，你们的销售业绩却远远比不上去年，这到底是谁的错？是你们的错，还是顾客的错？"

这时，全体推销员全部都站起来发出雷鸣般的声音回答："都是我们的错！"

罗杰说："我极为高兴你们能够坦率地承认你们的错误，现在我要明确地告诉你们的错误在哪里。你们一定是听到了公司财务发生问题的谣言，才动摇了你们的销售理想，影响了自己的工作热情。不是由于市场不景气，而是你们的推销工作不如以前那样卖力了。现在，只要你们回到自己的销售区去，并保证在 30 天内提高自己的销售业绩，公司就绝对不会出现财务危机，你们能够做到吗？"

"做得到！"几千名员工一起大声地喊起来。最终，他们果然办到了，还使公司的业绩突破了历年来的最高纪录。

一个人能否成功，关键看他对待事业的态度，而不取决于周围的环境如何。如果你认为你行，那你就行，如果你觉得不行，那你就不行，成败往往在一念之间。就像故事中的小鞋匠一样，将擦鞋当作一项艺术来做，全身心地投入进去，最终才做出了成就。如果我们每个人都能够全身心地投入到自己的工作中去，即便你的能力再一般，也可以取得最好的成就。

工作如此，生活更是如此。一个人是否幸福，关键看他对生活的态度。幸福的人总会向往希望、向光明看齐，而不幸福的人总是抱怨自己比不上别人。而好的态度就应该是，努力地付出，努力地追求，至于结果则不必去强求，毕竟还有很多其他的因素制约着结果，拥有这样心态的人一定能获得幸福。

– 3 –
想要得到他人的肯定，先肯定自己

在生活或工作中，无论发生了什么事情或者将要发生什么，请记住一点，你从来不会失去自己作为一个人的价值，没有什么能够拿走它。

别人是以你看待自己的方式看待你，要想得到他人的承认，首先要肯定你自己。在生活中，我们从来不会发现一个自认为毫无价值的人能够获得成功。大千世界，每个人都是无价之宝，我们要用金子的眼光来审视自己，这样才不至于使自己一直在失败边缘上不停地挣扎。

乔·吉拉德是世界上最伟大的推销员，认识他的人都知道，他的衣服上总会佩戴一个金色的"1"字。对此，很多人都不解，就问他："这个字是不是代表你是世界上最伟大的推销员？"他说："不是，这代表我是我自己生命里最伟大的。"

其实，乔·吉拉德总认为世界上没有人会比自身更伟大，他就是自己最大的财富。他的这种自信是无人能及的。但是，他的这种自信正是来源于他的生活经历。

乔·吉拉德在35岁的时候，还是一个彻头彻尾的穷光蛋，他甚至连自己的妻子与孩子的吃喝问题都很难解决。但是，偶然的一次演讲会却改变了他的命运。

在演讲会上，一个演讲者拿出一张崭新的 10 美元钞票，向坐在前排的他问道："你想得到这张 10 元钱吗？"他当即就举起了手臂说："想要。"

演讲者又说："我会将这张 10 元钱给你的。但是在给你之前我一定要将之弄一下。"说着，演讲者就把那张钞票揉皱了，接着问他："你还想要吗？"

乔·吉拉德又一次高高地举起了手臂，并坚定地说道："要。"

"好吧。"演讲者继续说道，"我要是这样弄它呢？"当演讲者将那张钞票丢到地上，用脚使劲地踩过后，将它再次捡起来时，它已经变得又皱又脏了。

"现在你还要吗？"演讲者又问他。乔·吉拉德又坚定地举起了自己的手臂，仍然说："要。"

"好啦，不管我如何虐待这张钞票，你仍然还想要，因为你也知道它虽然表面上看上去很惨，便是它的价值却没有减损，它依然还值 10 元。"演讲者对他说。

乔·吉拉德当即就充分认识到了"自己"这个最大的宝库，从此他就不停地向成功靠近，最终成为"世界上最伟大的推销员"。

在我们内心中，我们的价值有多大，我们就会发挥出多大的价值来。你的价值就像这 10 美元一样，无论放在哪里，都无人能贬低它。

然而，在生活中，由于我们一时的决断失误或是环境的影响，会多次地摔倒、被击垮甚至被摔得粉碎。这时候，我们可能会灰心丧气，可能会顿时觉得自己一文不值，但是实际上，无论在自己身上发生了什么事情，我们都从来没有失去自身的价值。只要勇于肯定自己，以坚定而乐观的态度去面对一切的困难险阻，那么，你的内心便会再次充满激情，更能把你所认为不可能的事情变成可能，从而创造出更大的奇迹来。

杰西出生于旧金山的贫民区内，父母离异，家境贫寒。6岁时，他突然得了小儿软骨病，双腿必须用夹板夹牢。因为支付不起药费，用来支撑的夹板是由他家人做的。病痛加上长期的夹板作用，使杰西的腿逐步萎缩，双脚向内翻，小腿很细。

一日，杰西偶然结识了旧金山飞人橄榄球队的运动员威利·梅斯基，他萌生了当运动员的想法。但是，母亲却说这是不可能的。的确，杰西双腿的肌肉萎缩，根本不是运动员的料。

不过，杰西并不这么认为，他开始为自己的目标努力。为了帮助家里挣钱，也为了锻炼腿部的肌肉，杰西到街上去卖报、到池塘去打鱼、到火车站帮别人装卸行李，还在一家商店做过售货员，一有时间他便到附近一所中学练习打橄榄球。

"是的，我能行，我也是一块金子，也会发光的！"杰西时常这样告诉自己。随着腿部肌肉的恢复，杰西练橄榄球的次数也越来越多，时间也越来越长。他的技术越来越好，后来竟表现得不同凡响，成了全美国最杰出的橄榄球运动员之一。

一个人有多大的信心，就会有多大的才能施展平台。杰西的成功就来自于他勇于在磨难和挫折面前肯定自我。是的，每个人都是一块金子，我们在任何时候都不要随便怀疑自己的能力，将自己当成金子来看才能发出金子的光芒。

在这个实力决定竞争的时代，在抱怨别人不够重视自己之前，一定要先审视一下自己：究竟有多少能力、有没有及时肯定自己的价值、有没有在跌倒之后再站起来的决心与勇气。不管时境如何变迁，只有不肯轻易否定自己的人才不会败下阵来，才会受到别人的重视，才能被鲜花与掌声所萦绕。

– 4 –
自怨自艾等于拒绝了改变的幸运

每个人都是一座取之不尽、用之不竭的宝藏，它就存在于人的本性之中，只不过自卑和虚妄的人觉悟不到自己竟然如此富有而已，不知晓在遇到挫折的时候亲自动手去挖掘，反而一味地颓废或自怨自艾。

上帝对每个人都是公平的，每个生命都是富足的，谁也不会少些什么，只是一些人懂得去挖掘自己的智慧，最终做出成就；而另一些人则只是一味地自怨自艾，最终一事无成。就好比我们在学习的过程中需要老师的指引，但是老师只会教给你学习的方法，剩下的需要靠你自己顺着老师所指导的方法去寻找答案。如果你一味地指望老师的指导，不懂得去审视自己，主动去开启自己的智慧，那么你最终只能一事无成。

某个城市的街头坐着一位乞丐，衣衫褴褛地在路边整整行乞了30多年。

有一天，一位陌生人走过，这位乞丐机械地举起他的行乞杯子，可怜兮兮地说："给点儿吧。"

陌生人说："我没有钱，也没有什么东西可以给你。"然后看看他的身后，便问道："你坐着的箱子里面是什么东西呢？"

乞丐回答说："只是一个旧箱子而已，里面什么也没有，我记得从我记事起就一直坐在它的上面。"

陌生人问道："你打开过箱子吗？为什么不打开看看里面是什么呢？"

乞丐回答道："不用打开了，里面什么也没有。"陌生人坚持道："打开看一看吧。"

这时，乞丐才试着慢慢地打开锁在箱子上的生锈的锁，令人意想不到的事情发生了，箱子里面装满了财物。

乞丐行乞 30 年，却因为他并没有停下来检讨一下自己行乞的行为而使自己的人生过得极为悲惨。如果他能用一点点的时间来审视自我、审视自己所拥有的东西，就会发现自己原来也是富足的，根本不用去人群中行乞。

生活中，我们又何尝不是如此在遇到挫折的时候总觉得自己已经到了绝境中，再怎么努力也走不出困境了，于是就颓废、消沉，让自己忙忙碌碌、糊里糊涂、穷困潦倒地奔波在人生的道路上。殊不知，只要你肯再去审视一下自己，就会发现自己还有很多富足的东西，那么就很容易走出困境了。

克里蒙·史东是联合保险公司的董事长，他曾这样说："每个人在奋斗的过程中不可避免地会遇到挫折或磨难，但是在遇到挫折的时候肯静下心来审视自己，那么你会发现，你仍然是富足的，那么，你遇到的挫折或困难也就不算什么了。"

克里·蒙史东自幼丧父，因为早早地体恤到母亲持家的辛苦，从小便懂得以外出打零工来补贴家用。从小，史东便有极强的进取心，遇到困难从不唉声叹气，也从不叫屈，他始终相信自己的能力。

有一次，当克里蒙·史东走进一家餐馆准备向客人叫卖报纸时，却被餐馆的老板赶了出来，还在他身上狠狠地踹了一脚。对此，史东只是轻轻地揉了揉屁股，他安慰自己说："我是最棒的，反正做了又没什么损失。"便又拿起手中的报纸，再次向在场的客人叫卖。因为客人看他勇气十足，便纷纷劝请老板给他行个方便。于是，史东那天虽然被踢得很痛，但是口袋里却装满了钱。

中学的时候，克里蒙·史东开始投入保险行业。刚开始，他所遇到的困难与自己当年卖报的情况一样，他依然安慰自己："我有这么多优点，只要稍稍努力一下就完全可以达成目标。"于是，他便鼓起了莫大的勇气，一次次地走进城市的一间又一间的办公室中。

终于，克里蒙·史东卖出了一份又一份的保险。在他 22 岁那年，他便成立了一家自己的保险经纪公司，开业的第一天，他就在繁华的大街上卖出了第一份个人保险，接下来他曾创下每 4 分钟交一份保险合同的奇迹。

懂得审视自己的人，意味着他们在独自面对困难时要放弃毫无意义的抱怨，能够静下心坐下来三思而行，能够发现自身的优点后想出科学的解决方法，而且必将付诸泪水与拼搏，并与孤独、坚强随行，这是对自身能力的一种发掘和超越。

正所谓"天生我材必有用"，人来到这个世界都有各自的使命，唯有尽量发挥自己的优点才能展现生命的妙用。"求人不如求己"，变被动为主动、寄希望于自我是最可靠、最有利的为人处世之道。所以，在任何时候我们都要学会体察自身，勇于发掘自身的优点，那么，你的生命就会走出颓废，获得圆满和自足。

第十四章
相信自己，即使全世界都在否定

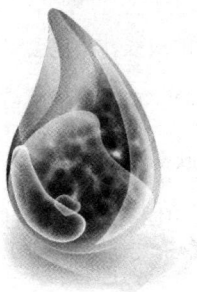

上帝的手中没有失败品。每一个人都是最棒的，都是上帝的精心之作，本身都蕴藏着巨大的潜能，除非他不懂得善用上帝赐予的礼物。

我们在失意的时候，难免会受人冷落、遭人嘲笑，但是我们自己一定不要冷落自己，更不能嘲笑自己，而是要奋起，找到感动自己的理由，哪怕没人欣赏。

挫折和生活中固有的缺陷虽然会给我们带来痛苦，但是，如果你能换一个角度去看，它们也许可以成为我们奋起的动力，前提是我们必须要勇敢地正视和面对，坚强地将挫折和缺陷转化成生命奋起的动力。

– 1 –
正在"奔跑"的你，就是英雄

罗曼·罗兰说："英雄就是做他能做的事，而平常人就做不到这一点。"所以，只要发挥出自己的本色，就能成为真英雄。也就是说，英雄不在于成败，而在于过程。

生活在这个快节奏的时代，每个人都是"奔跑"者，各自都在扮演着不同的角色，"奔跑"的目的也各不相同。也许你"奔跑"了一生，也没有到达目的地，也没有到达胜利的巅峰。但是，无论如何，只要在其"奔跑"的过程中你努力了、拼搏了，感受到了其中的经历，那就是成功的人生，也是真正的英雄。

夕阳西下，在看似平静的草原上，狮子和羚羊都在自己的领地上暗暗沉思。

狮子想，当明天太阳升起的时候，我就要奋力奔跑，以追上跑得最快的羚羊；羚羊想，明天太阳升起的时候，我要奔跑，以逃脱跑得最快的狮子。

第二天，狮子发现了正在专心吃草的羚羊，立刻飞奔过去，羚羊警觉地发现了朝自己冲过来的狮子，不顾一切地开始逃命。

最后狮子没有追到羚羊，被其他的动物嘲笑了一番。狮子说："我跑不过是为了一顿晚餐，而羚羊跑是为了保全自己的生命，它当然要跑得更快了。"

生活本来就是平凡的，丰功伟绩只能是平凡生活中的一个亮点，却不能论成败。也就是说，无论做什么工作，只要能认真踏实地做出一点儿别人所无法替代、重复不了的工作，哪怕是一个很小的方面，也算是一种成功。所以，在任何时间，我们都切莫以成败论英雄。

　　我们在做事时，不可能让所有的人都满意，如果你所做的事情没有得到别人的认可或赞扬，而如果其结果是你所要的、是你要达成的，那就勇敢地继续走下去，因为成功的本身定义就是要达到自己的目标，与别人对你的态度无关。也就是说，在人生道路上，只要毅然追寻自己的理想，无论成功与否，只要你真诚地付出了、努力了，在这个人生的舞台上，你就是英雄。

　　《士兵突击》中的许三多，没有远大的目标，他每天只是在努力地专注于手头上的事情，却从中获得了无穷的快乐，最终进入了老A的部队，这就是成功。而成才只因为只想达到别人眼中的成功，太过急功近利，最终却栽了跟头。要知道，成功不一定非要去争取拿第一，一切顺其自然，从奋斗的过程中体味到别有的滋味也是值得称赞的。

　　相信许多人对《老人与海》的故事都并不陌生，描述了在古巴圣地亚哥的一位老渔夫一连84天都没有钓到一条鱼，几乎快要饿死了，但他不肯认输，终于在第85天的时候，在海中钓到一条身长18米的大马哈鱼。

　　但是这条鱼实在太大，渔夫明知道对方力量比自己强，他还是决心战斗到底。他尝试了一次又一次，与对方奋战了三天三夜，最终杀死了那条大马哈鱼，并把它绑在船后，准备拖回家。

　　在归途中，渔夫又一次遭到鲨鱼的袭击，他用尽自己的一切力量来反抗：鱼叉没了，他把小刀绑在桨把上乱扎；小刀折断了，他用短棍；短棍也丢了，他用舵把来打……最后回港时大马哈鱼只剩下了鱼尾和一条脊骨。

这个故事的结果看似是失败了，但是渔夫勇敢面对失败，在暴力、死亡面前保持人的尊严和勇气，即便结果是失败，但在过程中却战胜了自己、战胜了困难，这怎能不算是一种成功呢？更何况，他从中体味到与困难的生死较量是任何人都感受不到的，谁又能说这是一种失败呢？

成功的乐趣绝不在于享受目标达成的那一刻，而在于享受达成目标过程中的激情、艰辛甚至磨难。所以，在任何时候，我们都不要以成败论英雄，不要认为自己没能达到目标就是失败。要知道，成败的结果只是人生过程中一个小小的插曲，唯有过程才是永久的，所以，在任何时候，我们都要学会给自己鼓掌、学会欣赏自己，如此你将获得无比精彩的人生。

- 2 -
跌倒再跌倒，你才长大

顺风好走路，逆水难行船，多少人在一下子摔倒之后便再也爬不起来。遇挫奋起、知耻后勇是一种强者的品质，只有内心强大的人才是真正的强者。

在奋进的过程中，成败都是自然的，有成功就必然有失败。但是，生活中一些人却只迷恋成功而害怕失败，有些人甚至把失败看作是毁灭与灾难。有这种想法的人，等于在自己的内心种下了失败的种子，尽管他们最终成功了也不能成为真正的成功者。

而另一种人则不同，他们将失败当作上天的一种恩赐和机会，将失败看成是成功的入场券，并善待失败，微笑地去面对挫折，并将其转化为前进的动力，最终成为真正的大赢家。

被生活打弯了腰其实并不可怕，可怕的是自己承受不住，自断了中间那根支撑的脊梁，如此就真的再也不能直起腰身了。只有屡败屡战，斗志才会一次比一次更强大，信心才会一次比一次更坚定。

刘邦是汉朝的开国皇帝，与李世民、朱元璋相比，他的军事才能和各项技能似乎都很平常，但他就是凭借着屡战屡败、屡败屡战的精神，最终取得了成功，也为后世树立了值得称颂的典范。

在与项羽的较量中，刘邦曾无数次地打了大败仗。但是他却始终不气馁，屡败屡战，最终取得了成功。

有一次，敌兵追逼着刘邦，差点儿就让其丢命；鸿门宴上，若非项羽大发妇人之仁，一缕阴魂早已飘落黄泉。当时，刘邦留给人们的印象就是，一直在挨打、一直在逃跑。在项羽巨大身影的笼罩下，刘邦是那样的卑弱可怜。

然而，积极豁达的心态使刘邦承受住了屡战屡败的打击，可他并没有消沉下去，失败的耻辱反而激起了他更大的斗志。

在死亡的威胁与对手的挑战下，刘邦的潜能一次又一次地被激发出来，直到最大限度地迸发，让他在与强敌的殊死较量中成功地实现了自我超越，最终攻下城池。而四面楚歌的项羽只好自刎，将江山拱手让给了刘邦。

心理学上把不怕失败、愈挫愈强的心理变化规律称作"奋起效应"。毫无疑问，刘邦就是一个奋起效应的成功典型。他忍受了别人对他的讽刺，对他冠以失败者的帽子，他不曾退却，因为他心中的那束光无比闪亮，他知道他要到达的方向。

玫琳·凯女士是美国玫琳·凯化妆品公司的董事长，她在刚开始创业时，也与所有的人一样，经历了很多的挫折和磨难。但是一次次的失败和挫折始终没能将她打败，她不灰心、不泄气，最终成为化妆品行业的"皇后"。

20世纪60年代初期，退休回家的玫琳·凯终于忍受不了退休后的空寂生活，她决定冒一冒险，去完成她的梦想。经过一番思考，她把一辈子的积蓄——5000美元拿出来作为全部资本，开始创办玫琳·凯化妆品公司。

为了支持母亲的"狂热"理想，两个儿子也来助阵，各自辞职，加入到母亲创办的公司中来。

玫琳·凯知道，这是背水一战，是一生的一次大冒险。如果失败，她所付出的代价是自己一辈子辛辛苦苦积蓄的血本，还有两个儿子的美好前程。

在公司创建后的第一次展销会上，她隆重推出了一系列功效奇特的护肤品，按照原来的想法，这次活动会引起轰动，一举成功。可是，展销会结束后，就像晴天霹雳一样，她的公司只卖出了1.5美元的护肤品，这让她再也控制不住，失声痛哭起来……

回到家后的玫琳·凯对着镜子中的自己反复地问："玫琳·凯，你究竟错在哪里？"

经过认真分析，她终于悟出一点：在展销会上，她的公司从来没有主动请别人来订货，也没有向外发订单，而是希望女人们自己上门来买东西。

悟出了这点的玫琳·凯擦掉了脸上的泪水，商场如战场，玫琳·凯从不相信眼泪，哭是哭不出成功来的。她从第一次的失败中站起来后，在抓生产管理的同时加强了销售队伍的建设。

经过20年的苦心经营，玫琳·凯化妆品公司由初创时的9名雇员发展到5000多人，由一个家族公司发展成为国际性的公司，销售队伍达到了20万人，年销售额超过3亿美元，玫琳·凯的梦想终于实现了。

人生其实没有什么弯路，每一步都是必需。所谓的失败、挫折并不可怕，它们能教会我们如何寻求到经验与教训，是我们通向成功的必要投资。因此，在前进的过程中，如果我们遇到了挫折，千万不要哀怨、痛苦，不要让自己沉浸在悲伤之中，只有正视挫折、接受挫折，以积极的心态面对挫折，最终方能远离挫折。因为在很多时候，你所经历的挫折对你来说未必是件坏事情。就像玫琳·凯一样，如果不经历失败和挫折，不以积极的心态面对，那么她也不可能取得巨大的成功。

在这里，我们要将"屡战屡败"和"屡败屡战"区别开来。"屡战屡败"

突出的是一个"败"字，说明战者无能，次次战败，让人产生对其能力的极大怀疑；而"屡败屡战"突出的是一个"战"字，说明战者勇猛，次次战败却次次卷土重来、不肯认输。

战败又能怎样？被嘲笑、被蔑视又能怎样？只要不被自己打倒，从哪里摔倒再从哪里爬起来，每次的摔倒在庸人眼中是可耻的，在智者眼中却是无价的珍宝。

拿破仑说："人生的光荣不在于永不失败，而在于能够屡败屡战。"成功的人不是一开始就光辉闪耀，他们也是从无数的跌倒中爬起来后还能昂首挺胸、积极地走向成功之路。

跌倒了再爬起来，这才是能够实现自我价值的人生态度。

– 3 –
无法让他人不误解，可以让自己坚定

我们需要明白的是，为人做事并不是因为要获得他人的理解和赞许才去做的。只要我们心中的方向坚定，任它东南西北风，我自岿然不动。这样我们才能立足于天地之间。

人活于世，难免会有是非流言，也难免会被别人议论，甚至被误解。在这样的情况下，很多人都可能会伤心、难过，情绪难免会被误解或流言而迷失方向。其实，只要你能冷静下来想一想，就会明白这是大可不必的，因为时间会证明一切。如果你因他人的误解而迷失方向，那等于是在拿他人的错误来惩罚自己。

唐代著名的慧缘法师曾经独自一人在寺院后的山岩洞上修持了10年，后来又回到了承天寺，每夜都会在寺里通宵打坐。

有一天，大殿上功德箱里面的钱突然丢失了，慧缘法师无疑成为众人怀疑的对象。因为在他回寺之前从未发生过此类的事情，而且大家都知道他每夜都会在大殿内打坐，如果是别的盗贼前来行窃，他应该知晓才是。但是，当寺院住持当众说这件事的时候，慧缘法师并没有任何的反应，所有人都认为偷功德款的人一定就是他。所以，全寺中的众僧人以及和尚、居士无不对慧缘法师另眼相看，都向他投来鄙视的目光。

但是，慧缘法师处在这种人人怒目相视的环境中，仍然能够心平气和、若无其事，他既没有站出来喊冤叫屈，向众人说明一切，也并没有流露出半点儿受委屈的情绪，与平常没有两样，而是每天按时去吃饭，每晚还是照样去大殿打坐。

终于在7天后，寺中的住持才揭开了谜底：原来功德款根本没有丢失，这是住持在考验慧缘法师，想知道他在山洞中住的10年修炼到了什么样的境界。没料到他竟能在遭遇冤枉的情况下依然不改常态，以一颗平常心去生活，为此，全寺上下无不由衷地对他产生了崇敬之情。

被人误解之后，不要急于辩驳，这样不仅不会解决问题，还会让事情变得更糟。被人误解之后，只要我们能像慧缘法师那样静心处世，做到问心无愧，就不能被其左右。误解和质疑是不可避免的，坦然面对，做我们认为正确的事情，时间会证明那些误解和质疑的可笑和无力。

也就是说，在任何时候，都要知道，清者自清，浊者自浊。人生是你自己的，不必太在乎别人对你的看法，任何人的看法都不能从实质上改变什么。真正聪明的人，能够正视误解并不会为此而迷惑，这样的人才能更为真实、快乐和惬意地活着。

德国的医生迈尔曾经被人们称之为"疯子"，因为他是最早发现能量守恒与转化定律的人，而当他的这一首次发现公之于众时，受到了很大的排挤和不理解，甚至有人这样当众讽刺迈尔："大家说，迈尔医生是不是疯了？他说的这些都是无稽之谈，只有疯子才会这样。"

面对质疑，迈尔并没有因此而改变他的研究方向，他回到汉堡写了一篇《论无机界的力》的论文，他把这篇论文投到《物理年鉴》，结果却得不到发表，最后他只好发表在一本名不见经传的医学杂志上。他到处演讲、宣扬他的学说，宣扬能量守恒和转化定律。

可是，当时物理学家们也无法相信他的话，很不尊敬地称他为"疯子"。而迈尔的家人也怀疑他疯了，竟要请医生来帮他医治。

然而，面对质疑，迈尔并没有退缩，而是继续到处去宣扬他的学说，结果他的发现被称为欧洲19世纪三个重大发现之一。

有句话是这样说的："一个伟大的先知，他所说出的话，开始肯定不会被人认同，如果人们一开始就认同他所说的话，那么所有的人不都成为先知了吗？"

在追寻真理的过程中，迈尔经历了一劫又一劫，如果他的发现一开始就得到了认同，那他的发现可能真的没有什么价值，正是因为他的发现是当时人们所不能接受并理解的，这样才显示出了其伟大的价值。

被误解固然是一件痛苦的事，但是，理解也好，误解也罢，这些都不是我们能够掌控的，只要我们相信自己、坚定信念，并时刻提醒自己要走下去，终有一天他人会因为当初误解你而后悔不已。

这个世界上本没有路，这和我们的人生一样，只要我们不断地走、不断去开创而不去管别人如何误解你，始终坚定自己的方向，最终你会发现你是对的，这条道路也会变得越来越平坦。

– 4 –
谁说烂牌没有赢的机会

人生仿佛牌局，每个人都有拿到烂牌的时候，也都遇到过牌局中的逆境，此时，自暴自弃就是赢牌的大敌。只有能够看到自身优势、自己给自己掌声的人才可能创造奇迹。

从某种角度去看，人生就像牌局一样，谁都想要拿到一手好牌，可惜的是手中的牌总是太烂，偶尔来手好牌却是美中不足。但是，你要知道，拿到好牌的人不一定能赢，拿到一手烂牌的人不一定会输。

一次晚饭过后，迈克和家人一起玩纸牌。可是他的手气糟糕透了，一连几把牌都打得很烂。当他再次抓到一把烂牌时，就变得极为灰心丧气，开始不停地抱怨上帝的不公。

这时候，母亲发现了迈克的情绪很是低落，便停了下来，正色对他说道："如果你想玩就必须用你手中的牌玩下去，不管那些牌是好是坏。"

迈克听后一愣，母亲又说："人生也是如此，发牌的是上帝，不管牌怎样你都必须拿着。你能做的就是尽全力打好手里的牌，求得最好的结果。"

很多年过去了，迈克一直牢记母亲的话。对生活，他从未存有任何抱怨，因为他总是能以积极乐观的态度去迎接命运的挑战，尽力做好每一件事，最终有所成就。

迈克的母亲教给他的不仅仅是打牌的规则。那次打牌塑造了迈克对待人生和工作的态度，让他明白了一个道理：遇到困难时，不是去抱怨而是尽力去改变，而是用自己的行动点燃心中的蜡烛，照亮通往成功的旅途。

要知道，无谓的抱怨或借口只是在给自己找借口，会让你不愿意意识到自身问题的严重性，最终会让你收获自我膨胀的优越感，这样只会离成功越来越远。

每个人都想凡事都顺顺利利，但是命运往往总是喜欢捉弄人，大多数人都没能如愿以偿，这就好像手握了一手烂牌一样，在这样的情况下，我们唯一要做的就是要靠自己的智慧和努力去改变它，最终你获得的将是无比的满足。

在英国的一个小镇上，为了募捐善款，丽莎所在的学校正准备排练一部叫《圣诞前夜》的话剧。得知消息后，丽莎第一个去报名要求当演员。

丽莎的目标是要出演剧中的女儿。但是到定角色那天，丽莎却一脸沮丧地回到了家，因为她被告知自己的角色是一条狗。

整个晚饭时间，丽莎不是抱怨牛排太咸，就是埋怨土豆太淡，搞得一家人都没胃口。

饭后，爸爸把丽莎叫到书房，两个人谈了很久。虽然他们拒绝向外人透露谈话内容，但是第二天人们又看到了那个快乐的丽莎。她不仅没有拒绝演狗，还买来了护膝，以便更好地排练。

终于到了演出的那一天。从头至尾，丽莎都穿着一套毛茸茸的道具，手脚并用地在台上爬来爬去，还不时伸个懒腰、晃晃脑袋，动作惟妙惟肖，精湛的表演吸引了所有观众的眼球，虽然她从头至尾都没有说过一句台词。

后来，丽莎向人们透露了她和爸爸那天晚上的谈话。爸爸说："如果你用演主角的态度去演一只狗，那么狗也会成为主角。"

对于一个演员来说，主角是多么让人向往啊，是舞台上最闪亮的一点，但演一个动物，尤其是演一只狗似乎是一种侮辱，如果告诉别人，也许还会遭到嘲笑。但丽莎听从了爸爸的忠告，她不但接受了演一只狗的事实，而且还演得活泼俏皮。让这个死气沉沉的角色变得生动、有灵气，于是这个并不出彩的角色反倒成了舞台上的亮点。

其实人生的舞台也是如此，不论你扮演何等角色，有时是自己没有办法选择的，但命运不是一条单行道，而是由你的态度来决定的。

也许别人都认为，你的一生就注定是灰暗的了，再无翻身之时。但你一定要找出一万个让自己站起来的理由，把厄运当作上天赐予的财富，好好运用，苦尽甘来后，以自信豁达的笑容来征服所有的人，如此，人生的牌才算打得精彩、打得漂亮。

在面对一件糟糕的事情时，每个人都希望得到别人的鼓励和安慰，但也许事与愿违，即便只有自己欣赏自己，也要给自己一个积极的评价，适时赞美自己，你就可以从中获得不可战胜的力量，可以使自信的阳光融化心中的胆怯和懦弱，可以唤醒生命里沉睡的智慧和能力，从而推动事情向好的方向发展。赞美自己，你的灵魂从此将不再迷失在绝望的黑暗里。

千万不要把自己想得那么悲观，因为在这个世界上，你才是唯一。面对一手烂牌，切忌心灰意冷、自甘堕落，要认真分析出这手烂牌的问题和它的优势所在。用心去思考全局，结局不一定要赢得多么漂亮，但一定要尽全力打得精彩。

– 5 –
当失去信心，告诉自己"我很好"

经常对自己说：我已经够好了，实际上是对自己的尊重与认可。无论别人怎么看自己，只要你认可自己，相信自己一定能够创造属于自己的奇迹、活出自己的精彩，就能够坦然地面对生活的纷繁与琐碎，打造属于自己的人生。

生活中，经常会听到这样的抱怨："为什么我长得不漂亮？""我的工作实在是太平凡了，我该怎么办？""真郁闷，我的个子太矮了，为什么不能长高点"……总觉得自己不够好，总觉得自己太平凡，不能做出成就，其实，这是不懂得欣赏自己的表现。要知道，每个人都是独一无二的，都有自己的突出之处，只不过你总是拿自己的缺点与他人的优点在比较。其实你已经够好了，所以，面对自己的缺点不必自惭形秽，更不必悲观失望，要懂得欣赏自己，才能活出自己的精彩来。

路易丝自小就是一个自卑的人，她总认为自己长得很丑。臃肿的身躯加之一张肥嘟嘟的脸，让她看上去显得不那么美丽。所以，路易丝很少与周围的朋友在一起，也很少参加聚会，她总认为自己是最不受人欢迎的人。

有一次，姐妹们打扮得漂漂亮亮，都出去参加晚会了，只有路易丝一个人蜷缩在自己的卧室中。妈妈看她可怜的样子，对她说："孩子，你为什么一个人待在这里，不和姐妹们一起出去参加聚会呢？"

路易丝哀伤地说："我没有漂亮的脸蛋，更没有苗条的身材，我不配穿那些漂亮的晚礼服！我想，聚会上是没有人愿意和我交往的。"

妈妈微笑着说："你虽然不漂亮，没有苗条的身材，但是你却很善良、很温柔体贴，更善解人意，也很懂礼貌，你已经够好了，为什么你看不到呢？"

这句话就像阳光一样，一下子照进了路易丝的心中。她感觉到自己一直不快乐是不懂得欣赏自己。于是，她开始拿笔将自己的优点一一记了下来，然后她穿上了漂亮的衣服自信地与周围的朋友交往，最终因为她的善良，与许多人都成了好朋友。

从那以后，她每次遇到挫折时总会对自己说："你已经够好了。"

实际上，每个人都有自己的优势和不足，但是这并不妨碍我们每个人有自己独特的人生轨迹，也并不影响我们在自己的人生坐标上发掘最适合的那个点。正如前美国总统罗斯福的夫人艾莉诺·罗斯福所说："没有你的同意，谁都无法使你自卑。"

你固然没有漂亮的脸蛋，但是你有善良的内心，善良最能引人注目；你的工作很平凡，但是你过得很轻松、快乐，人生的真谛不就是要追求轻松快乐的生活吗？你个子不高，但是你有良好的风度，后者同样可以赢得他人的喜欢……你看，你已经够好了，因此别再自惭形秽了，时常对自己说：我已经够好了。这实际上就是对自己的尊重与认可，这也是成就自己、体现自身价值的前提条件，如此，相信你定能合理地规划出自己的人生轨迹，坦然地面对生活中的纷繁与琐碎，打造属于自己的真正人生。

蕾蕾是个自信的女孩，她虽然貌不惊人，身材也不太好，而且工作业绩也一般，但是通过自己的努力，她已经成为公司的部门总监，在事业上取得了斐然的成就。关于自己的成功秘诀，蕾蕾总结道："因为我知道我已经够好了。"

至今，蕾蕾还清楚地记得自己刚刚毕业时，她在北京的各大人才市场投放简历的情景。当时她虽然是重点高校的毕业生，但就是因为身体太胖，长相太普通，又缺乏工作经验，屡次被"推"到门槛之外。

刚开始的时候，蕾蕾有些泄气，斗志也被打消了不少。但是，经过一番思考后，她对自己说："你在校成绩优秀，你认真踏实，又能吃苦耐劳，你已经够好了，你一定可以寻找到一份理想的工作。"

紧接着，蕾蕾的斗志又被重新唤醒了，当她把手中的第105份简历投出去的时候，她终于找到了属于自己的理想职位——一家电器公司的行政文员。最终，通过自己的努力，她坐到了行政总监的位置上。她用实际行动证明了自己的确是最棒的。

蕾蕾没有好的容貌，也没有好身材，更没有工作经验，但是她却懂得欣赏自己，懂得发掘自己身上的优点，正是这种自信让她对生活始终怀有一种热忱和积极的心态，最终跨越人生旅途上的坎坷荆棘。

欣赏自己是一种气节，是一种修养，是发展自我、实现自我的强大驱动力。世界著名的艺术家毕加索说："你就是太阳。"这绝非狂想，更不是疯人之语，而是一个独立思考者对自身的欣赏和讴歌。

我们每个人身上都有闪光点，只要我们懂得欣赏自己、善于发掘，终能活出属于自己的精彩来。换句话说，其实每个人都是最优秀的，关键是如何认识自己，是否能够做到相信自己。

为此，我们要懂得时常对自己说：我已经够好了。学会欣赏自己，就会始终保持一份独立的人格，在自己的人生坐标上发掘最适合的那个点，然后才能从容淡定地扬起追求的风帆，驾驭希望之舟驶向理想的彼岸。

– 6 –
每个人都有缺陷，如同被上帝咬过的苹果

一种缺陷可能是一种痛苦，但也有可能成为动力，前提是你必须勇敢地面对和正视，坚强地把缺陷转化成生命奋进的动力。

如果你是个生理上有缺陷的人，你会为此而深感自卑吗？会因此而埋怨上天的不公吗？会为此而感到气愤吗？……如果是的话，请马上改变你的想法，因为每个人都是不尽完美的，有缺陷没什么可怕的，可怕的是我们消极的观念。只有乐观地面对，才能将缺憾变成我们奋斗的动力，才能收获快乐的阳光。

威廉·霍金被称为世界上最伟大的科学家，他是当代最重要的广义相对论和宇宙论家，是当今享有国际盛誉的伟人之一，但他却是一个坐轮椅的残疾人。

然而，霍金并不是一生下来就坐轮椅。霍金在青年时代是牛津大学公认的最有前途的明星学生，获得过一等荣誉学位。但是在他大三那年，却发现自己身上突然出现了一种奇怪的症状——手脚逐渐变得不利索，甚至有时候还会无缘无故地跌倒。

专家在为霍金做了各种医学测试之后，判定这是一种罕见的肌肉萎缩

性侧索硬化症，即运动神经病，而且会继续恶化，但是对于治疗，专家也无能为力，这就意味着霍金要带着他虚弱无力的身体在轮椅上度过余生。

祸不单行，1985年，也就是霍金全身瘫痪数十年后，他再一次遭受灾难的打击，他感染了肺炎，医生不得不为他进行气管切开手术，也就是在脖子及气管上直接切口形成通气孔，这样一来，他便永远失去了说话的能力。

尽管生活对霍金如此不公平，夺走了他健康灵活的双腿，夺走了他与人正常交流的说话能力，留给了他无尽的病痛，但是，霍金没有感到自卑或者怨天尤人。他说："生活是不公平的，但是无论你的境遇如何，你只能全力以赴。"

霍金积极乐观地适应生活，在提升自我上不懈努力，如今他已经成为世界上最著名的物理学家，拥有3个孩子、1个孙子、12个荣誉学位，是英国皇家协会的特别会员，还获得了很多奖项和勋章。

面对生理上的缺陷，霍金并没有陷入悲伤之中，而是将之转化为生命前进的动力，最终收获了成功和快乐的阳光。所以，我们不要因为身上的缺陷而自暴自弃、悲观厌世，因为除了你自己，没有人会刻意注意你的缺陷，只要让心中充满自信，一样能够获得精神上的自由与快乐。

如果面对这些先天的缺陷你还认为自己很不幸，那就再想想海伦·凯勒的人生经历吧。有谁能比一个又聋又哑又瞎的女孩更为不幸呢？在不幸面前，她没有气馁，更没有悲观，而是利用自己有限的资源最终成为美国著名的作家。如果你觉得那些名人还不够使自己得到安慰，那么就看看下面这个平凡的故事吧。

曾经有这样一对盲人夫妇，他们都是在两三岁的时候因为患天花而致盲的。小时候，他们俩都是因为不能像正常人一样看到五彩缤纷的世界而自卑，他们虽然有眼睛，却看不到这个美丽的世界带给他们的快乐，这是多么令人遗憾的事情啊。但是，他们却没有因此而郁郁寡欢、消极地面对人生。

从小就喜欢唱歌的他们，经常用歌喉来歌颂美好的生活。在他们 10 岁左右的时候，就开始学习演奏乐器，参加了一个工厂的宣传队演出。在当地，他们的演唱十分有名气，后来他们就走到了一起，而他们还是在用歌声讴歌美好的生活，歌颂身边的好人好事，还经常在电台中向人们展示他们美妙的歌声。两个盲人都精通各种乐器，他们一边弹奏乐器，一边演唱，并积极参加各种比赛，还得过各种奖。他们将这种生理上的缺憾变成了前进的动力，他们的生命也因此散发出熠熠的光辉。

记得有个朋友曾说："人生很悲痛，但悲痛的生活可以让我们觉醒。"很多时候，生理缺陷固然可以给我们带来伤痛，但是它也可以成为我们生命前进的一个动力。所以，在我们面对缺憾时，积极的做法就是坦然接受。即使我们暴躁地摔东西也是于事无补，伤痕并不能自动愈合，你的生活并不会因为这些遗憾的存在而消失，只要你愿意，你随时可以发现它们就在身边。别人怎么看你不重要，重要的是自己敢于接受曾经的痛苦，这样你才能重新找到快乐，甚至扭转别人对你的看法。

如果你真的难于走出困境，那么你不妨求助于朋友或心理医师。失意的时候，人最需要的就是开导。朋友与家人温馨的话语会让你平复心海浊浪，淡化你失意的烦恼。不过，别人的开导只是辅助的，真正达到心平气和还需要你进行自我调整。最重要的是坦诚地面对伤痕，敢于接受曾经的伤痛，这样，生活的阳光才能照进心田。

第十五章

认真的生活需要一颗平常心

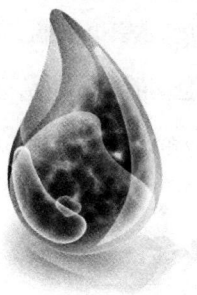

"宠辱不惊，看庭前花开花落"是先哲们一种淡然心境的真实写照。淡然不是淡漠，不是一种消极的处世思想，是阅尽沧桑后的醒悟，是了然于胸的大度，是不以物喜、不以己悲的超脱。如果我们能够以淡然的心境体会世间的一切得失，以一颗平常心去感受生活，便可以获得一份幽雅美丽的心境，摒弃心中的一切不甘，最终获得无比洒脱的人生。

以平常心面对一切，就是要舍弃过多的欲望，心平气和地面对不平事，就是要看淡名利得失，以一颗淡然的心态面对生活中的一切。平常心虽然不是生命旋律中绚丽的华章，却是使生命获得更多愉快和幸福所必备的一种心态。

– 1 –
太贪心反而什么都得不到

一个人的贪欲一方面可以促进我们去努力，对我们的人生起积极的作用。但是，如果贪婪之心过于强盛，就会让内心生出许多矛盾与烦恼，进而一步步地将我们推入生活的深渊之中。

我们的内心之所以不清静，就在于内心充满了贪婪。贪心越重，这也想要，那也想要，最终会使你的内心变得不安起来。另外，贪婪也会让人在处世的时候患得患失，为此，内心必然出现许多矛盾与冲突，那你的内心也别再想获得片刻的清静了。

有一位老妇人每天都唉声叹气的，感到很烦恼。一位智者问她为何每天都心情极其沮丧，她就说："我有两个女儿，大女儿嫁给了一个开洗衣作坊的人，二女儿嫁给卖雨伞的。天气下雨的时候我就为我的大女儿担心，担心她的衣服晾不干；晴天的时候我担心我的二女儿，怕她的雨伞卖不出去。"

智者闻言，对她说道："您这是在自寻烦恼。其实，您的福气很好，下雨天，您二女儿家顾客盈门；天晴时，您大女儿家生意兴隆。对您来说，每一天都有好消息，您没必要天天烦恼。"

老妇人听了这样的话，心里便轻松了一些。

人生本没有烦恼，所有的烦恼都是由人内心的贪婪所生。老妇人因为太过贪婪，想在下雨天让大女儿的生意好起来，想在天晴时让二女儿的生意也好起来，所以内心才产生了重重的矛盾，才烦恼不止。最终，因为她放下了贪欲后，心中的烦恼就少了，心里也感到轻松了。

同样地，我们在生活中处世的时候也往往带着过强的功利心，抱着极大的欲望，最终会让我们急功近利，错失很多好的机会。

如果我们能够摒弃一切不切实际的杂念，保持一种平常心去面对万物，我们的心灵就自然会获得无比的清净，那么我们就不容易被各种诱惑迷住双眼，成功便手到擒来了。

在一个人烟稀少的深山中住着一户贫苦的人家，生活虽然贫穷，但一家人还算幸福。

有一天，母亲把16岁的儿子叫到跟前，递给他一个大碗并嘱咐道："家里没有油了，你现在下山去打点儿油回来，但你一定要小心，千万不要把油给洒了，你要明白，咱家最近经济比较紧张。"

面对母亲的叮嘱，儿子有点儿不以为然，当他费尽体力来到山下的一家店打油的时候，他就想："下山打一次油不容易，我何不多打一点儿回去，下次也免得麻烦。只要我路上当心一点儿，定能够把油安全带回家。"

儿子端着满满的一碗油，小心翼翼地走在蜿蜒的山路上，他非常细心，一步步迈着稳健的步伐。一路上他从不敢左顾右盼，只是死死地盯着碗里面的油。可不幸的事情还是发生了，当他快到半山腰的时候，一不小心就踩空了，碗里面的油像个不听话的孩子，一下就漏掉了1/3。看到地上的油，想到母亲的叮嘱，儿子非常懊恼，内心开始紧张起来，当他走到家的时候，碗内的油已经洒了一半。

当母亲看到所剩无几的油时非常生气，数落着儿子说道："临走前给你说的什么？不是让你小心再小心吗？不是告诉你咱家经济不好吗？"听了母亲的训斥，儿子非常伤心。

父亲无意间听到了母亲对儿子的训斥，不停地安慰儿子，并对他说："孩子，你现在再下山去打油，这次你只需要打半碗油就可以了，但你回来后必须把一路上的所见所闻告诉我。"

对于父亲的提议，儿子非常不解，但最后还是勉强下山了，这次他的心中不再紧张，心情非常轻松，他的脑海中想的不再是碗里的油，而是观察周围的事物。一路上他看到了嬉戏玩耍的孩子，看到了在阳光下沐浴的小狗，看到了步履蹒跚的老人。边走边看，不知不觉已经到了家中，此时，他惊奇地发现碗中的油竟然一滴都没有洒。

儿子的心中正是放弃了贪婪，才使内心获得了清净，也才能将油好好地端到家。故事中通往回家的路，就好似我们的人生路，只要将心中的贪婪清除掉，才能欣赏到一路的美景，而且还能让你离成功更近一步。

我们生活中的许多烦恼和忧虑皆是由于我们内心对外界事物感受的一种投射而已，如果我们能够日日更新、时时自省，就会摆脱世俗的困扰，清除心灵的尘埃。智慧的人是能够体悟到万物皆空的道理的，这种万物皆空并不是消极悲观的虚无，而是没有执着、没有牵挂、坦荡、磊落、广大自在的一种心境。如果我们把生活中的物欲横流看作是镜中花、水中月，便会觉得世间并没有什么可求可恋的，如此，你的心灵和人生也就没有了所谓的障碍、痛苦和烦恼，你的心灵也就能够达到一种完美清净的境界。

人生在世，不可以让自己的心装得太满，尤其是无尽的贪欲，它是所有痛苦之源。正如爱彼克泰特所说："导致痛苦的不是贫穷，而是贪欲。"人们往往在各种诱惑中迷失自己，把自己装入一个打造精致的、所谓"功名利禄"的金丝笼里。就像葛朗台一样，一生为金钱所累，最终不但没有得到自己期望的幸福，同时还断送了自己的妻子和女儿的幸福。

贪欲的膨胀只会让我们陷入难耐的干渴之中，时时让我们掀起追求的冲动，内心世界得不到丝毫的安宁。只有斩除贪婪、学会知足，内心才能获得安宁和快乐，也才能得到更多。

- 2 -
生活不理解你的委屈，你要自己化解

公平是我们每个人追求的目标，但生活中总是会出现许多不公平的事情，这并非是人类的一种悲哀，而是世界本有的一种状态，所以，面对不公，最为积极的办法就是以一颗平常心对之。

生活中，我们经常会抱怨不公平的事太多，很多人为此愤愤不平，厌恶、憎恨、抱怨甚至咒骂，但是你想过没有，你的抱怨真的能改变现状吗？

有这样一个故事。

一个自以为极有才华的秀才，因为一直得不到重用，所以他经常愁肠百结、异常苦闷。

有一天，他大声地质问上帝："命运为什么对我如此不公？我并不比那些当官的差，可偏偏为什么我却不能得到重用？"

上帝听了此话后沉默不语，只是捡起了一颗不起眼的小石子，并把它扔到乱石堆中。

上帝说："你试着把我刚才扔掉的那颗石子找出来。"秀才翻遍了所有的乱石堆，却没找到。这时候，上帝又向乱石堆里扔了一枚金子，然后以同样的方式扔到了那堆乱石堆中。结果，这一次，秀才很快就找出了那枚金光闪闪的戒指。

上帝虽然没有说什么，但是那位秀才却顿时醒悟了：当前的自己只不过是一颗石子而已，如果自己真是一块金灿灿的金子，就没有理由再抱怨命运的不公平。

在生活中，很多人就是这样，在不公平面前只是一味地抱怨。殊不知，很多时候，原因全在于我们自己。所以，当我们在埋怨的时候，首先要静下心来反思一下，问题是否出在自己的身上。同时，我们也要勇于放下过多的计较，以一颗平常心去对待这些不公，这是人生的一种境界。

生活中的事情不是样样都能尽如人意的，对于此，我们应该心平气和地去看待。与其在追求是否公平上耗费大量的精力，不如踏踏实实地把自己的事情做好，这不是任人摆布，更不是逆来顺受，而是一种理智的生活方式。

一位心理学老师给她的学生上了这样一堂心理课——《蛋糕分配不公的启示》。

心理学老师在上课之前拿了一块大大的蛋糕，切成五零四散的小块后，给班上的每一位同学都分了一块。有的同学拿到了蛋糕，而有的同学却没有拿到；有的同学拿到了一块大的，而有的同学却拿到了极小的一块；有的同学拿到了带有奶油的，而有的同学拿到的是没有奶油的……在这样的情况下，有的同学便向老师提意见了："老师，您的蛋糕分得太不公平了。"

对于此，老师没有及时地回答学生提出的问题，而是让全班的同学都同时思考这个问题。

10分钟后，老师让同学们开始回答。有的学生说："老师分得是对的，那些平时表现好的同学就应该得到大的蛋糕。"有的说："有的同学个子小，就应该得到大块的，以多补充营养。"听完学生们的回答，老师说他们都回答得很好，同时又说："我们该如何面对这些不公正的待遇呢？"这次学生们的回答更踊跃了，有的说："我们应该有一颗冷静的心，先对事物进行分析，再去下结论"；有的学生说："每个人都应该有一颗宽容的心，要多站在别人的角度想问题，才能获得快乐"；有的学生说："我们应该理性地、积极地去看待问题，要看到自己的不足"；还有的学生说："我们应该以一颗平和的心去看待问题，不能因为这些不平事就着急气愤，这是在自寻烦恼。"

冷静、宽容、理智、积极、平和，这几个关键词就是我们面对不平事时应该具有的态度。对此，著名作家契诃夫有自己的态度："要是火柴在你的衣袋中烧起来，那你应该高兴才是，而且要感谢上苍，幸亏自己的衣袋不是火药库；要是你的手指不小心被别人扎了一下，那你也应当高兴，幸亏这根刺不是扎到自己的眼睛里了；要是无意中被人踩了一下，那你应当高兴，幸亏不是被汽车轧了一下。"

从健康的角度来讲，如果人在不平事面前不能保持心理平衡，也就是对人对事不能做到心平气和，对健康也是影响极大的。《黄帝内经》中说："怒则气上，喜则气缓，悲则气结，惊则气乱，劳则气耗。"所以，百病都是生于气。现代医学也发现，人类70% ~ 90%的疾病与心理有着极大的关系。如果人的心态不好，爱着急、爱生气就容易破坏人体的免疫系统，易患高血压、冠心病、动脉硬化等病症，这样也就意味着人会死得更快。

所以，心理平衡对人的身体健康是最为重要的，谁能在不平事面前时刻保持一颗平常心，就等于掌握了健康的金钥匙。

总之，当我们遇到不平之事时，一味地怨天尤人是于事无补的，自暴自弃也无异是一种慢性自杀，唯一可取的做法就是调整好自己的心态，并用极为乐观、积极的心态来生活、工作。既然我们没有能力来改变这些不平事，就要尽力地调整好自己的心态，对任何事都保持一颗平常心，问题就会迎刃而解，种种矛盾与心结也就能自然打开了。

– 3 –
得失面前，不再无所适从地茫然

生活中，所有未知的事情都蕴含着积极的一面，只要我们能以一颗平常心看待，就会发现所有的事情都能迎刃而解；但是，如果先入为主地用消极颓废、悲观沮丧的心态猜想未知，那就注定一事无成。

在现代社会中，很多人在得失面前总是显得无所适从地茫然，这样最终让自己丧失了享受快乐的资格，丧失了乐观的天性。我们每个人固然左右不了周围的环境，但是却都可以选择自己的心情。可以说，选择快乐是生命的赢利，放弃快乐是生命的亏损。因此，无论身处怎样的境地，我们都应当尽量以一颗平常心对待，这样你才能平稳心态，体会到更多的快乐。

其实，世界上没有什么不能坦然的事情，关键是要以一颗平常心去面对。面对失去的要及时调整心态、豁达胸襟，敢于面对现实，认真分析形势，以求进一步的得到。世界上没有永恒，也没有绝对，如果为得失耿耿于怀、不能自拔，就走不出"失"的阴影，看不到"得"的危险，只会让我们与快乐无缘。

平常心是一个健康、淡泊人士的应有心态。学会以坦然、乐观的心态去看待世事的发展，你才能够获得内心的平静，赢得别人羡慕的"快乐人生"。

凯杰从加州某大学毕业了，被美国冬季征兵活动选中，将加入海军陆战队。得知这个消息后，他非常紧张，每天都是忧心忡忡的。

凯杰的爷爷看到了他这个样子，决定和他聊聊天。他对凯杰说："孩子啊，其实你没必要这么忧心忡忡的。到了海军陆战队，你将有两个机会，一个是留在内勤部门，一个是分到外勤部门。如果你分到了内勤部门，就完全用不着去担惊受怕了，那些工作都是很轻松的。"

爷爷的话并没有让凯杰放松，他说："爷爷，去哪个部门也不是我自己选的啊，要是我被分配到了外勤部门呢？"

爷爷笑着说："那也没关系。即使去了外勤部门，你还是有两个选择，一个是留在美国本土，另一个是分配到国外的基地。如果你被分配到美国本土，那又有什么好担心的呢？"

"那要是我去了国外呢？"凯杰继续说道。

"这样啊，那你还是有两个机会。第一个，被分配到和平而友善的国家；第二个，被分配到有些危险的地区。如果是前者，那么你就什么事情都不会有。"

凯杰着急地说："可是，我要是真的去了有些危险的地区呢？那我不就完蛋了吗？"

"这怎么可能？如果你留在总部，而不是上前线，那么也不会有事。"

"那我要是上前线了该怎么办？假设我还受了伤，那我以后该怎么生活？"

"受伤也分程度的。也许你只是受了轻伤，根本无碍的。"

凯杰还是不满意，说："要是我不幸身负重伤呢？"

"那很简单，要么保全性命，要么救治无效。如果还能保全性命，还担心什么呢？"

凯杰最后问道："天啊，要是救治无效，那我该怎么办啊？"

爷爷听完，大笑着说："这更简单了。你人都死了，还有什么可担心的呢？"

与爷爷相比，凯杰显然在生活的智慧上还有很大差距。凯杰的爷爷始终明白这样一个道理：无论人生面临什么样的际遇，都会有这样两个机会，一个是好机会，一个是坏机会。好机会中蕴含着坏机会，坏机会中蕴含着好机会。问题的关键是我们以什么样的眼光、什么样的心态、什么样的视角来对待它。

人生在世，得失是人之常理，也是自然规律，我们不必为之而耿耿于怀。你要知道，有失就必有得，你失去了权位和利益，却能得到平静、快乐的生活。失去不可挽回，但是开心却是自己可以把握的，为此，我们对功名利禄方面的得失更应该坦然一些、豁达一些，千万不可太介意、太看重，毕竟快乐才是人生的真谛。

– 4 –
名利可能成为一切烦恼的来源

"图虚名，得实祸"，就是告诉我们，刻意追求那些看不见、摸不到的虚名，最终会导致心态失衡、身心疲惫，也会招致不必要的灾祸。所以，还是以一颗平常心看待名利吧，淡泊一切荣誉，不为名誉而生存，不为名誉所拖累。

名利能够让人产生一时的满足感，从某种意义上说，功名是对人的价值的一种肯定形式，但是要知道，过分关注于功名利禄并不是什么好事情，它意味着改变追求的方向而将眼光局限在对名利的追求上，并为此放弃了原本自足快乐的目标。它也意味着把身心束缚在名利地位等虚名之上，通过他人的肯定而不是自我满足感来衡量自身的价值，将自己置于他人的眼光之中。如此，痛苦、挣扎和烦恼也就随之而来了，心也容易被名利所拖累。

其实，名利是身外之物，面对名利，我们要以一颗平常心待之，做到处之泰然，不惊不喜；失之淡然，不悲不怒。为了名利而累心累身，确实是本末倒置的傻事。萨克雷《名利场》中的女主人公丽蓓卡·夏普便是一个例子。

丽蓓卡·夏普出身于一个贫困的家庭，父亲是个平庸的画匠，而母亲则是一个受众人鄙视的歌女。丽蓓卡·夏普还没长大时，父母便离开了她，并且没给她留下一文钱。贫穷的生活使她不顾一切想要走入伦敦这个大都市，为自己寻得一个漂亮、华美的地位，借此成就自己的荣誉。

丽蓓卡·夏普很漂亮，美貌是她左右逢源的武器。进入伦敦后，她趋炎附势、阿谀奉承，费尽心机地让伦敦的上层社会接纳自己，希望自己能够在上层社会获得一席之位，可是那些上层社会的人只会去谈论那些光鲜的人物，他们都戴着有色的眼镜"注视"着丽蓓卡·夏普，就连玛蒂尔达夫人家里的侍女也瞧不起丽蓓卡·夏普的谄媚之态。

当残酷的现实一次次地摧残着丽蓓卡·夏普内心仅存的希望，当名誉的诱惑一次次地向她内心的淡泊发起挑战时，她不知所措，后来嫁给一个上流社会人士以成为她空虚的灵魂深处的救命稻草，也成了她唯一的信仰。接下来，丽蓓卡·夏普利用自己的年轻美貌，赢得了考利家族最有可能的继承人、军官罗登的欢心，并且同他秘密结了婚，因为女王考利这个姓氏会让她感觉到自己在这个都市的生存意义。

结果，因丽蓓卡·夏普卑微的出身，罗登失去了财产继承权，两人离了婚。丽蓓卡·夏普借助一切力量迈进所谓的上层社会，将真情与友爱遗忘到九霄云外，费尽心机，最终还是不名一文，她的一切心机全部白费了。

丽蓓卡·夏普的一生都是在不断追求名利中度过的，但是到最终，她的一切心机却全部白费了。作者最终在书中以这样伤感而又无奈的语气说道："唉，浮名虚利，一切虚空，我们这些人谁又是真正快活地活着的？谁又是称心如意地活着的？就算当时遂了自己的心愿，以后还不是照样不知足？"

诚然，名利的确能够给人带来巨大的物质利益，能够满足人的虚荣心，但是，如果你过分地追名逐利，一定会给自己带来无尽的烦恼。其实，我们如果能看淡名利，那么反而能得到不一样的收获。

曾获 19 项国内外大奖的某科学家是这样看待名利的，他说："要淡泊名利、踏实做人，才能取得一定的成就。现在少数人搞学术腐败，就是功利心、享乐心太重，急功近利、弄虚作假，到头来害人害己。只有踏踏实实地做人、做事，才能使心灵获得真正的满足。"

　　在金钱面前，这位科学家始终仅仅只满足于基本的生活需求。对此，他解释道："应该在精神上丰富一点儿，物质上和生活上看淡一点儿，因为一个人的时间与精力是有限的，如果内心总想着名利，哪有心思搞科研？在吃方面以清淡和卫生为重，在穿方面只要朴素大方就行了。如此这样才能保持身心健康，心情也才能够愉快，事业也才能取得更大的成就。"

　　由此可见，正因为这位科学家淡泊名利，才能做出成就。在五光十色的现实社会中，充斥着各种各样炫人的诱惑。对于名利这些东西，一些人嘴上虽然将其"视为粪土"，但是内心还是"看得破，忍不过；想得透，做不来"，在真正面对名利的时候，忍不住要去争一下、抓一抓，最终累心累身，实在得不偿失。

　　所以，在生活中，我们要想活得轻松，就要淡泊名利，能够平静地对待生活，平静地对待身边的人与事，得到了就欣然接受，失去了泰然处之；在鲜花掌声中不忘形，面对冷嘲热讽也无所谓；得意时不张扬，在挫折面前也不忧伤……唯有以一颗平常心面对名利的人，才能活得快乐、活得洒脱。

– 5 –
淡是生活中最浓的滋味

无论你如何翻云覆雨,再功成名就,最终还是要归于平淡。平淡的生活看似无奇,但是它却是生活中最真切、最浓的滋味。那些从容淡定的人,懂得生活的真正意义所在,会用一颗平常心去对待生活,咀嚼生活的原汁原味,感悟生活的真正之美。

我们每天早起、上班、下班……我们多数人在多数时间可能都生活在这种按部就班、周而复始的平淡状态之中,这就是生活的常态。但是,有人却总是不甘心过如此风平浪静、波澜不惊的生活,总觉得这样体现不出自身生命的精彩来,为此都极为烦恼。其实,这些人都是庸人自扰,其实,平平淡淡才是真真切切、原汁原味的生活,才是富有品位和情趣的生活。因此,别墅、汽车、金钱、珠宝等这些看似光彩夺目、诱惑人心的东西,却是令我们的生活痛苦和烦恼的根源。

张丽是一位能干的白领丽人,她的工作能力极强。进公司拼搏没几年,就拥有了自己的车和豪宅。但是她时常觉得自己的生活异常枯燥、痛苦,因此寝食不安,闷闷不乐,她觉得等将来更有钱了,一切就会好了。

有一天,张丽到乡下去游玩,她看到一对卖包子的夫妇,他们非常穷,每天也只能挣到够他们维持基本生活的钱,但是他们的脸上每天都挂着微笑，孩子们也在笑声中玩耍，皆没有因为家境贫寒而闷闷不乐。

张丽觉得很奇怪，便非常不解地问这位妻子："你们这么穷，为何还这么快乐？"

这个女人放下手中的活儿，用极度轻松的语气回答道："我们是没钱，但为什么不快乐呢？想着我们一家人可以整天在一起劳动，父老乡亲可以享受我们的美味食品，我们又可以交到很多的朋友，我为什么要觉得不快乐呢？"

张丽听后怔住了，惊诧不已，思索良久。

你经历了酸、甜、苦、辣与咸以后，才知道"淡"的可贵。张丽与卖包子的夫妇在物质生活上是不成正比的，但在精神方面，前者并不比后者开心。卖包子的夫妇过的是平淡的生活，但是他们却能真切地体味到其中的快乐，就是因为他们拥有一颗平常心。

一位饱经沧桑的哲学家说过这样一句说："年少的时候，总觉得人生应该像大海一样波澜壮阔才不枉度过一生。但经过几十年的风风雨雨之后，才恍然大悟：人生中精彩的事情占 5%，痛苦的事也占 5%，剩余的 90% 则全部都是平淡，只可惜人们往往会为了那 5% 的精彩而整日劳累奔波，为了那 5% 的痛苦而不停地怨天尤人，却忘记了在这 90% 的平淡中享受生命的快乐与幸福。"

为此，我们可以说，平淡是生活的本质。既然如此，我们又何必为了那仅仅 5% 的精彩而整日劳累奔波？为了那 5% 的痛苦而不停地怨天尤人？却忘记了在那 90% 的平淡中享受生命的快乐与幸福呢？！

在荷兰的一个小镇上，有一位极为普通的为镇政府守大门的农民。守门的工作是极其枯燥乏味的，但是这位农民却在这里待了整整 62 年。在这种普通的岗位上工作的人比比皆是，但是这个门卫正是在这个普通的岗位上做出了不平凡的成绩，最终成为荷兰著名的科学家，成为微生物学的开山鼻祖，他的名字叫列文虎克。

列文虎克在平时的工作中，既不打扑克去消磨时间，又不泡咖啡馆，不去喝酒聊天，而是利用业余时间去打磨镜片。虽然打磨镜片既费时又费工，但是他却乐此不疲、兴趣盎然，就在这日复一日、从不间断中，一直打磨了60年，他磨出的复合镜片的放大倍数超过了当时专业技师的产品。凭借着他自己打磨出的镜片，他又潜心研究，终于发明出了显微镜，最终揭开了当时科技领域尚未知晓的微生物世界的神秘面纱。凭借着这项伟大发明，他被授予巴黎科学院院士，最终声名大振，极为平淡的他却做出了如此不平凡的成绩。

平淡是大海，博大精深；平淡是苍穹，宽广而辽远；平淡是高峰，让人览尽春色。平淡的生活能让人回归宁静，能让人不受名利的驱使、欲望的煎熬，所以那些有大作为的大师们最终都甘于回归平淡，并在平淡中取得巨大的成绩。

平淡是一个极高的境界，也是最为真切的生活。平淡不是懦夫的自暴自弃，而是智者的胸有成竹；不是看破红尘后的心如死灰，而是经历风雨后的大彻大悟；不是碌碌无为的得过且过，而是从容处世的潇洒自信。平淡的生活是一种安逸、幸福的生活，它没有喧嚣嘈杂，没有世俗的烦恼，更没有填不满的欲望，有的只有一份从容、一份平淡，淡淡的快乐、淡淡的宁静，在平淡中享受生活的真谛。

某著名作家曾说："我更向往自己未成名前的平平淡淡的读书生活。"类似的话，有很多体验了世间百味、经历了无数荣誉的人都曾说过。为此，我们可以说，平淡不仅仅是生活的本质，而且还是一种极高的精神境界。

图书在版编目（CIP）数据

看清世界，不如明白自己 / 江南著 . —北京：
中国华侨出版社，2016.7 （2021.4重印）

ISBN 978-7-5113-6168-4

Ⅰ . ①看… Ⅱ . ①江… Ⅲ . ①人生哲学—通俗读物
Ⅳ . ① B821-49

中国版本图书馆 CIP 数据核字（2016）第 174902 号

看清世界，不如明白自己

著 者 / 江 南

责任编辑 / 文 蕾

责任校对 / 孙 丽

经 销 / 新华书店

开 本 / 670 毫米 × 960 毫米 1/16 印张 /17 字数 /244 千字

印 刷 / 三河市嵩川印刷有限公司

版 次 / 2016 年 9 月第 1 版 2021 年 4 月第 2 次印刷

书 号 / ISBN 978-7-5113-6168-4

定 价 / 48.00 元

中国华侨出版社 北京市朝阳区静安里 26 号通成达大厦 3 层 邮编：100028
法律顾问：陈鹰律师事务所
编辑部：（010）64443056 64443979
发行部：（010）64443051 传真：（010）64439708
网 址：www.oveaschin.com
E-mail：oveaschin@sina.com